BEI GRIN MACHT SICH IHR WISSEN BEZAHLT

AF155497

- Wir veröffentlichen Ihre Hausarbeit, Bachelor- und Masterarbeit

- Ihr eigenes eBook und Buch - weltweit in allen wichtigen Shops

- Verdienen Sie an jedem Verkauf

Jetzt bei www.GRIN.com hochladen und kostenlos publizieren

Bibliografische Information der Deutschen Nationalbibliothek:

Die Deutsche Bibliothek verzeichnet diese Publikation in der Deutschen National-
bibliografie; detaillierte bibliografische Daten sind im Internet über http://dnb.d-
nb.de/ abrufbar.

Dieses Werk sowie alle darin enthaltenen einzelnen Beiträge und Abbildungen
sind urheberrechtlich geschützt. Jede Verwertung, die nicht ausdrücklich vom
Urheberrechtsschutz zugelassen ist, bedarf der vorherigen Zustimmung des Verla-
ges. Das gilt insbesondere für Vervielfältigungen, Bearbeitungen, Übersetzungen,
Mikroverfilmungen, Auswertungen durch Datenbanken und für die Einspeicherung
und Verarbeitung in elektronische Systeme. Alle Rechte, auch die des auszugsweisen
Nachdrucks, der fotomechanischen Wiedergabe (einschließlich Mikrokopie) sowie
der Auswertung durch Datenbanken oder ähnliche Einrichtungen, vorbehalten.

Impressum:

Copyright © 2016 GRIN Verlag, Open Publishing GmbH
Druck und Bindung: Books on Demand GmbH, Norderstedt Germany
ISBN: 978-3-668-13873-5

Dieses Buch bei GRIN:

http://www.grin.com/de/e-book/315195/leichtverstaendliche-aufgaben-und-loesun-
gen-zur-beschreibenden-statistik

Uwe Sliwczuk

Leichtverständliche Aufgaben und Lösungen zur „beschreibenden Statistik"

Übungen für Anfänger und Fortgeschrittene

GRIN Verlag

GRIN - Your knowledge has value

Der GRIN Verlag publiziert seit 1998 wissenschaftliche Arbeiten von Studenten, Hochschullehrern und anderen Akademikern als eBook und gedrucktes Buch. Die Verlagswebsite www.grin.com ist die ideale Plattform zur Veröffentlichung von Hausarbeiten, Abschlussarbeiten, wissenschaftlichen Aufsätzen, Dissertationen und Fachbüchern.

Besuchen Sie uns im Internet:

http://www.grin.com/

http://www.facebook.com/grincom

http://www.twitter.com/grin_com

Leichtverständliche Aufgaben

mit Lösungen zur

„beschreibenden Statistik"

Übungen für Anfänger und Fortgeschrittene

Vorwort

Die „große Statistik" hat – nicht völlig zu Unrecht – den Ruf, unanschaulich und bestenfalls kompliziert zu sein. Die hier vorgestellte „beschreibende Statistik" ist es nicht. Sie ist nicht schwer zu erlernen. Beschreibende Statistik erfordert nur ein solides Grundwissen in den vier Grundrechenarten und die Bereitschaft, Zeit in Übungen zu investieren. Das erworbene Wissen reicht zum Beispiel für das Erkennen von:

- Manipulationen durch Medien,
- falschen Statistiken zur Gesundheit,
- „Märchen" zu Polizei-Aufklärungsquoten oder der
- Wirksamkeit von Faltencreme

völlig aus. „Traue keiner Statistik, die du nicht selber gefälscht hast." Sollten Sie eine eigene Arbeit verfassen und darin Elemente der Statistik verwenden, steht dieses Büchlein Ihnen mit Rat und Tat beiseite und hilft, die schlimmsten Fehler zu vermeiden.

Die Motivation zu diesem Büchlein basiert auf den Erfahrungen, die ich in vielen Vorlesungen zur empirischen Sozialforschung und Statistik für den öffentlichen Dienst an der Hochschule für Polizei und Verwaltung (HfPV), Abteilung Kassel, gemacht habe. Insbesondere den mathematisch weniger vorgebildeten Studenten, die vor zwanzig oder mehr Jahren das letzte Mal die Schulbank gedrückt hatten, konnte der Zugang zur Statistik und anwendbares statistisches Grundwissen durch die hier vorgestellten Übungsaufgaben vermittelt werden. Aufgrund dieser Erfahrungen bin ich sicher, dass tatsächlich jeder geneigte Leser sich die Grundlagen der beschreibenden Statistik aneignen und davon profitieren kann.

Dieses Aufgaben- und Lösungsbuch ist eng verknüpft mit dem Buch zur Vorlesung „Deskriptive (beschreibende) Statistik im öffentlichen Dienst", kann aber auch erfolgreich ohne dieses Werk benutzt werden, weil alle Grundlagen zum Verständnis der Lösungen zu den Aufgaben angegeben sind. Natürlich liefert das Buch zur Vorlesung mehr Hintergrundwissen und gibt ausführlichere Erläuterungen. Daher kann ich das Buch zur Begleitung dieses Aufgaben- und Lösungsbuches nur wärmstens empfehlen.

Im Januar 20126   *Dr. Uwe Sliwczuk*

Inhalt

Inhalt

1. Wozu Statistik?

„Ein Leben ohne Statistik ist schwimmen auf dem Trockenen". Die Statistik begleitet uns unser Leben lang. In der Regel bemerken wir es nicht einmal. Entsprechend werden wir von denen, die Methoden der Statistik anwenden, manipuliert. Direkt in die Hände der Manipulatoren spielen die Vorurteile von Unanschaulichkeit und Kompliziertheit statistischer Methoden. Dabei zeigen gerade die Beispiele im Lehrbuch „Deskriptive (beschreibende) Statistik im öffentlichen Dienst", und die in diesem Büchlein vorgestellten und durchgerechneten Aufgaben, dass diese Vorurteile gegenstandslos sind. Tatsächlich reicht es zum Verständnis und zur Nachvollziehbarkeit der Lösungen, die vier Grundrechenarten zu beherrschen!

Dem Lehrbuch folgend werden zu jedem Kapitel Übungsaufgaben formuliert und Beispiellösungen vorgestellt. Das soll den Lerneffekt derer, die dieses Aufgabenbüchlein parallel zum Lehrbuch verwenden, verbessern.

Manchmal sind die Lösungen nicht eindeutig. Als Beispiel sei hier die Bestimmung der „optimale Geraden" mittels linearer Regression genannt, die sowohl bezüglich der Abweichungen von den x-Merkmalswerten als auch bezüglich der Abweichungen von den y-Merkmalswerten ermittelt werden kann. Obwohl der Fehler in beiden Fällen minimiert und gleich groß (oder klein) ist, es sich folglich tatsächlich in beiden Fällen um eine „optimale Gerade" im Sinne der Definition handelt, sind Steigung und Achsenabschnitt der <u>beiden</u> „optimalen Geraden" in der Regel unterschiedlich. Und damit sind auch die sich daraus ableitenden Merkmalswerte verschieden. Trotzdem sind beide Lösungen mathematisch korrekt. Welche „optimale Gerade" letztlich Verwendung findet, liegt in der Intention des Anwenders. Was nichts anderes bedeutet, als dass der (subjektive) Anwender und nicht die (neutrale) Mathematik über das Ergebnis entscheidet!

In den nachfolgenden Übungsaufgaben wird – abweichend von der Praxis – aus Gründen der Übersichtlichkeit meistens von einer <u>sehr geringen Fallzahl</u> ausgegangen. Eventuell daraus resultierende Probleme bezüglich der Anwendbarkeit bestimmter Verfahren werden vernachlässigt.

2. Statistik und empirische Untersuchung

Statistische Auswertungen stehen in der öffentlichen Verwaltung häufig im Zusammenhang mit empirischen Untersuchungen, die entweder selbst vorgenommen werden oder bereits vorliegen. Häufig handelt es sich dabei um kleinere Erhebungen auf örtlicher oder regionaler Ebene. Über die möglichen statistischen Auswertungen wird meistens schon in der Planungsphase (bewusst oder unbewusst) entschieden.

Zur Beantwortung der nachfolgenden Übungsaufgabe müssen alle Faktoren mindestens den drei Gütekriterien entsprechen, die der Bequemlichkeit halber hier noch einmal aufgeführt werden:

Objektivität bedeutet, dass verschiedene Personen bei der Anwendung des gleichen Verfahrens zu demselben Ergebnis kommen (Beispiel: Bewertung einer Prüfungsaufgabe).

Validität bedeutet, dass das Verfahren tatsächlich den vorgesehenen Zweck erfüllt (Beispiel: Das Ergebnis einer Klausurarbeit gibt tatsächlich ein zutreffendes Bild von der Leistungsfähigkeit eines Klausurteilnehmers in dem jeweiligen Themengebiet).

Reliabilität bedeutet, dass die wiederholte Anwendung des gleichen Verfahrens auf den gleichen Gegenstand zu identischen Ergebnissen führt (Beispiel: die wiederholte Bewertung des gleichen Prüfungsteiles führt immer zu demselben Ergebnis).

Aufgabe 2.1: Wie beurteilen Sie das folgende Vorhaben?

- Der für Germanistik zuständige StOR G. einer Schule in der zentral in Deutschland gelegenen Großstadt K. möchte die kulturelle Aufgeschlossenheit der Deutschen einwandfrei ermitteln. Zu diesem Zweck hat er kurz vor der Tagesschau einen Fragebogen entworfen (je 3 geschlossene und 3 offene Fragen). Der Fragebogen soll am folgenden Tag von seinen Schülern kopiert und zu Interviewzwecken genutzt werden. 20 Schüler sollen in der Innenstadt von K. ab 10 Uhr je 20 Passanten befragen. Für den Nachmittag ist die Auswertung vorgesehen. Jeder Interviewer soll seine Ergebnisse in schriftlicher Form kurz darstellen. Am folgenden Tag soll daraus unter Leitung des Klassensprechers in der Funktion des Projektleiters ein Abschlussbericht erstellt werden.

Lösung:

Der für Germanistik zuständige StOR G.:

Darunter ist ein Lehrer zu verstehen, der in der Regel das Fach „Deutsch" unterrichtet und dessen Studium Inhalte über die germanische Sprache mit ihren Kulturen und Literaturen vermittelt. Nichts wird bekannt über weitere Qualifikationen, die diesen Lehrer dazu befähigen könnten, die „kulturelle Aufgeschlossenheit der Deutschen", was immer das sein mag, beurteilen zu können.

Zentral in Deutschland:

Warum ausgerechnet in einer Stadt, die <u>zentral</u> in Deutschland liegt, die „kulturelle Aufgeschlossenheit der Deutschen" (die überwiegend in nichtzentral gelegenen Städten wohnen) ermittelt werden kann, ist nicht nachvollziehbar.

Großstadt K.:

Abgesehen davon, dass K. explizit genannt werden müsste (Kassel, Karlsruhe, …?), ist es zu begründen, warum nur in einer Großstadt dieses wertvolle Gut zu finden sein soll. Sehr viele Deutsche leben im ländlichen Bereich. Ist das Ergebnis der Untersuchung auf den nicht untersuchten Bereich übertragbar? Oder mit anderen Worten: Stimmt die Stichprobe? Wohl eher nicht!

Einwandfrei:

Wie genau ist dieser Begriff zu verstehen? Einwandfrei im Sinne von fehlerfrei? Mustergültig? Makellos? Dieser Begriff müsste genauer definiert werden.

Kulturelle Aufgeschlossenheit:

Dieser Begriff ist bestenfalls „schwammig" formuliert und bedarf der exakten Definition. Wikipedia hat sich noch nicht an diesen Begriff herangetraut, und wer das versucht, versteht sofort, warum das so ist. „Aufgeschlossenheit" kann gleichgesetzt werden mit „Freundlichkeit, Frohnatur, Güte, Wendigkeit, Fleiß u.a.m.". „Kulturell" hingegen steht synonym für „rituell, unpolitisch, klassisch". Wir haben also ein Wortgebilde vor uns, das „unpolitische Güte" bedeuten kann, aber auch „rituelle Wendigkeit" und „klassischer Fleiß". Worüber die armen Menschen in der Großstadt K. befragt werden, ist nicht bekannt.

Der Deutschen:

Wer ist „der Deutsche"? Dieser Begriff wird nicht definiert. Es stellt sich daher sofort die Frage nach der Eindeutigkeit. Ist „der Deutsche" ein Mensch, der einen deutschen Pass besitzt? Muss „der Deutsche" ein Mann sein, oder darf auch eine Frau, also „die Deutsche", befragt werden? Ist „der Deutsche" Jemand, der in Deutschland lebt? Oder verliert sich die „kulturelle Aufgeschlossenheit", wenn man als „Deutscher" im Ausland lebt? Wie lange muss der Mensch schon in Deutschland leben, um die „kulturelle Aufgeschlossenheit" adaptiert zu haben? Fragen über Fragen.

Kurz vor der Tagesschau:

Dieser Zeitpunkt ist sicherlich sehr unglücklich gewählt. Abgesehen davon, dass unklar bleibt, ob der „Deutschlehrer" an der Sendung interessiert ist, wird suggeriert, dass dem Lehrer das Thema der Umfrage spontan eingefallen ist. Er hat sich folglich nicht ausführlich mit dem Thema beschäftigt, hat keine Literaturrecherche gestartet, um sich über das Thema zu informieren, hat keine Hypothese formuliert, die es zu untersuchen gilt usw…

Einen Fragebogen:

Wenn man schon nicht genau weiß, was man fragen soll (kulturelle Aufgeschlossenheit...?), ist es fraglich, ob ein Fragebogen die geeignete Form der Befragung darstellt. Und wenn man sich schon (auf die Begründung wäre ich sehr gespannt gewesen) für einen Fragebogen entscheidet, ist es ausgesprochen fraglich, ob sechs Fragen zur einwandfreien Klärung der komplexen Frage nach der „Aufgeschlossenheit der Deutschen" ausreichen, egal wie sie lauten.

Am folgenden Tag:

Der Fragebogen mit den spontan aufgestellten Fragen wird am nachfolgenden Tage von den Schülern kopiert und zu Interviewzwecken verwendet werden. Die Fragen wurden folglich nicht mehr hinterfragt.

20 Schüler:

Die Menge der Schüler erscheint für eine Klassenstärke plausibel, für die Klärung der komplexen Frage nach der „Aufgeschlossenheit der Deutschen" ist die Fallzahl der zu erwartenden Antworten aber viel zu gering. Außerdem werden die Schüler auf die komplexe Frage nicht hinreichend geschult. Ebenso ist fraglich, ob alle Schüler mit der gleichen Motivation in die Befragung gehen. Entsprechend unterschiedlich werden Antworten notiert werden.

In der Innenstadt um 10 Uhr:

Weder der Ort der Befragung noch der Zeitpunkt erscheinen optimal gewählt. In der Innenstadt um 10 Uhr werden sich kaum „typische Deutsche" aufhalten, sondern zum Beispiel Menschen, die beruflich nicht eingebunden sind (Arbeitslose, Hausfrauen, u.v.m.). Einen repräsentativen Durchschnitt „der Deutschen" wird man dort nicht finden.

Dann gibt es keine Ausführungsvorschrift, welche Passanten befragt werden sollen (Mann/ Frau/ Gruppen/ Hautfarbe/…) und welche nicht (Doppelbefragung/ Betrunkene/ Kleinkinder/…). Die Schüler sind auch nicht geschult darin, Antworten auf offene Fragen zur kulturellen Aufgeschlossenheit zu interpretieren. Sie werden das notieren, was sie verstanden haben, auch wenn die Antwort möglicherweise mit der Frage wenig zu tun hat.

Nachmittags ist die Auswertung vorgesehen:

Es bleibt keine Zeit, die Befragung zu diskutieren oder sich darüber abzustimmen, welche Fragebögen ev. zu verwerfen sind. Abgesehen davon, dass diese Aufgabe mangels Hintergrundinformation sowieso nicht durchführbar wäre.

<u>Jeder Interviewer soll seine Ergebnisse in schriftlicher Form kurz darstellen</u>:

Diese Aufgabe ist für die Schüler nicht lösbar. Mögen die geschlossenen Fragen noch darstellbar sind, spätestens bei den offenen Fragen müssen die Schüler mangels Hintergrundinformationen passen. Aber selbst, wenn sie es versuchten: Die Aufgabe, die Ergebnisse zu kürzen, ohne den Gehalt der Information zu verfälschen, ist selbst für einen geübten Befrager nicht einfach zu lösen und damit für die Schüler unmöglich zu bewältigen.

<u>Unter der Leitung des Klassensprechers:</u>

Der Klassensprecher ist ebenso wenig geschult wie der Rest der Klasse und damit als Projektleiter völlig ungeeignet. Der Abschlussbericht kann folglich von ihm nicht verantwortlich verfasst werden.

Insgesamt lässt sich folgern, dass die gesamte Befragung durchgängig mit fundamentalen Mängeln behaftet ist.

Antwortsatz:

Mit Hilfe der Gütekriterien lässt sich die Umfrage wie folgt bewerten: Die Befragung der Passanten in der Innenstadt der zentral in Deutschland gelegenen Großstadt K. entspricht weder der in den „Gütekriterien formulierten" „Objektivität", noch der „Validität" oder gar der „Reliabilität". Das Ergebnis ist zu verwerfen.

3. Merkmalsarten und Skalentypen

Die nachfolgende Tabelle fasst kompakt die wesentlichen Festlegungen zusammen:

Tabelle: Merkmalsarten

Merk- malsart	Qualitative Merkmale		Quantitative Merkmale	
	Nominal- merkmal	Ordinal- merkmal		
Skalentyp	Topologische Skalen		Metrische Skalen (Kardi- nalskalen)	
	Nominalskala	Ordinalskala	Inter- vallskala	Verhältnis- skala
Definierte Beziehun- gen	= ≠	= ≠ < >	= ≠ < > + -	= ≠ < > + - • :
Beispiele	Beruf; Haarfarbe; Geschlecht; Automarke	Noten; Gesundheits- zustand; Bildungsab- schluss	Temperatur; Kalenderda- tum	Körper- größe; Vermögen; Alter; Fläche

15

Aufgaben:

Aufgabe 3.1: Erläutern Sie am Beispiel der Ziehung der Lottozahlen die Bezeichnungen „Grundgesamtheit" und „Stichprobe"!

Lösung: Unter „Grundgesamtheit" wird die Zahl aller, von 1 bis 49 durchnummerierten, Bälle in der Lottotrommel verstanden.

Unter „Stichprobe" ist dann die Ziehung von 6 Bällen aus der Grundgesamtheit zu verstehen.

Aufgabe 3.2: Eine Person ist 25 Jahre alt. Erläutern Sie an diesem Beispiel die Bezeichnungen „Einheit", „Merkmal" und „Merkmalswert".

Antwort: Unter „Einheit" wird die „Person" verstanden; das „Merkmal" dieser Einheit ist das „Alter" und der „Merkmalswert" ist „25 Jahre".

Aufgabe 3.3: Erläutern Sie anhand der Beispiele: „Farbe, Körpergröße, dienstliche Beurteilung" die Bezeichnungen „Quantitatives Merkmal", „Qualitatives Merkmal", „Nominalskala", „Ordinalskala", „Intervallskala", „Verhältnisskala".

Antwort: „Farbe" ist ein qualitatives Merkmal und gehört zur Nominalskala.

„Körpergröße" ist ein quantitatives Merkmal, das der Verhältnisskala zugeordnet wird.

„Dienstliche Beurteilung" ist ein qualitatives Merkmal, der Ordinalskala zugeordnet.

Aufgabe 3.4: Nennen Sie fünf Gründe, warum für die meisten Untersuchungen eine Stichprobe aus der Grundgesamtheit gezogen wird.

Antwort:

1. Häufig ist die Grundgesamtheit nicht exakt zu ermitteln (Bevölkerung; Anzahl Euronoten; Wählerstimmen u.v.m.).
2. Aus zeitlichen Gründen kann eine Grundgesamtheit nicht untersucht werden.
3. Der Aufwand ist finanziell zu hoch.
4. Das Ergebnis lohnt den Aufwand nicht.
5. Eine Stichprobe ist hinreichend genau.

Aufgabe 3.5: Was versteht man unter einer „Zufallsstichprobe"?

Antwort: Um eine Zufallsstichprobe handelt es sich, wenn jede nachfolgende Stichprobe die gleiche Ereigniswahrscheinlichkeit aufweist. Ein Beispiel ist die Ziehung der Lottozahlen „6 aus 49". Zunächst werden sukzessive sechs Bälle aus der Lostrommel gezogen. Die Wahrscheinlichkeit dafür, genau diese Zahlen getippt zu haben, ist gleich 1 zu $\binom{49}{6}$ oder 1 zu 13.983.816. Wirft man die sechs Bälle wieder in die Lostrommel und wiederholt die Ziehung, ist die Wahrscheinlichkeit, genau die gleichen Zahlen oder eine beliebige andere Zahlenfolge zu ziehen, exakt gleich hoch. Siehe auch DIN 55 350 Teil 14.

Aufgabe 3.6: Eine Behörde hat 2000 Mitarbeiter. Sie möchten eine Befragung zur Arbeitssituation und zur Arbeitszufriedenheit durchführen. Möglich sind eine „Totalerhebung" oder eine „Stichproben-Untersuchung". Vergleichen Sie beide Möglichkeiten und treffen Sie eine begründete Entscheidung.

Antwort: Diese Frage kann nicht eindeutig beantwortet werden. Es gibt gute Gründe für beide Möglichkeiten.

Für eine Totalerhebung spricht, dass die genaue Zahl der Mitarbeiter bekannt ist und einen relativ kleinen Merkmalswert (2000) aufweist. Damit halten sich der zeitliche und der finanzielle Aufwand der Erhebung zur Arbeitssituation und zur Arbeitszufriedenheit in vertretbaren Grenzen. Weiter spricht für die Totalerhebung, dass diese Art der Untersuchung die genauere ist, also verlässlichere Zahlen liefern kann.

Dagegen spricht, dass es bei 2000 Mitarbeitern fast unmöglich ist, wirklich alle Mitarbeiter zu befragen. Einige sind krank, andere im Urlaub oder im Außendienst, manche sind im Ausland tätig oder weigern sich schlichtweg, an der Befragung teilzunehmen.

<u>Für</u> eine <u>Stichprobenuntersuchung</u> sprechen geringe zeitliche und finanzielle Aspekte und die prinzipielle Verfügbarkeit der zu Befragenden. Wenn die Stichprobe gut gewählt ist, sollte das Ergebnis der Stichprobenuntersuchung ausreichend genau sein, denn Arbeitssituation und Arbeitszufriedenheit sind dynamische, nicht exakt ermittelbare Merkmale, die sich sehr schnell ändern können.

4. Arithmetischer Mittelwert

$$\overline{x} = \frac{1}{n}\sum_{i=1}^{n} x_i \qquad (1)$$

x: Merkmalswert; **i**: 1, 2,…, n; n = Anzahl der Merkmalswerte

Aufgabe 4.1: Zur Kostenoptimierung wurde bei einer Umfrage in einer großen Ausbildungsstätte bei 15 freiberuflichen Lehrkräften der zeitliche Aufwand für Planung, Vorbereitung und Durchführung eines 36-stündigen Seminars erfragt. Das Ergebnis (in Stunden) stellt sich wie folgt dar:

108, 120, 150, 144, 144, 156, 101, 132, 123, 119, 141, 132, 148, 189, 78.

Frage: Wie groß ist der stündliche Aufwand im (arithmetischen) „Mittel"?

Lösung: Mit Gleichung (1) folgt:

$\overline{x}$ = 108+120+150+144+144+156+101+132+123+119+
141+132+148+189+78)/15 = 1985 Stunden /15 = **132,33 Stunden.**

Antwort: Im (arithmetischen) „Mittel" beläuft sich der zeitliche Aufwand für Planung, Vorbereitung und Durchführung eines 36-stündigen Seminars auf **132,33 Stunden.**

Aufgabe 4.2: *Bei einer Umfrage wurden die Jahresgehälter von 15 Geschäftsführern des mittleren Managements erhoben. Folgende Beträge wurden ermittelt (in tausend Euro):*

100, 110, 130, 130, 130, 80, 90, 140, 140, 80, 120, 120, 100, 100, 110.

Frage: Wie hoch ist das „mittlere" Einkommen der Geschäftsführer?

Lösung: Mit Gleichung (1) folgt:

$\overline{x}$ = (100+110+130+130+130+80+90+140+

140+80+120+120+100+100+110)/15 = 1680 TEuro /15 = **112TEuro.**

Antwort: Im Mittel beläuft sich das mittlere Einkommen der Geschäftsführer auf **112.000,00 €.**

Aufgabe 4.3: *Ändert sich das oben erzielte Ergebnis, wenn anstelle der Vereinfachung „tausend Euro" die korrekte Angabe in Euro verwendet würde (100TEuro = 100.000,00Euro)?*

Antwort: Nein. Es macht keinen Unterschied, ob vorher oder hinterher auf „Euro" umgerechnet wird.

Aufgabe 4.4: *An einer Hochschule wird bei einer Erhebung zum Buchbesitz festgestellt, dass 600 Studenten je 2 Bücher, 350 Studenten je 3 Bücher, 49 Studenten je 4 Bücher haben und ein Student 973 Bücher besitzt. Welchen Wert hat der arithmetische Mittelwert bzw. wie viele Bücher hat jeder Student im „Mittel"?*

Lösungsweg: Unter Verwendung von Formel (1) wird folgende Rechnung getätigt:

$\bar{x}$ = (2+2+2+...+2+2+3+3+...3+3+4+4+...+4+4+973) Bücher/ 1000

$\bar{x}$ = 3419 Bücher/1000 Studenten = **3,419 Bücher/Student.**

Lösung: $\bar{x}$ **= 3 Bücher**

Weil nicht nach „Teilbüchern" (niemand besitzt 0,419 Bücher) gefragt ist, musste die Lösung (kaufmännisch) gerundet werden.

Niemand würde die obigen Daten sukzessive z.B. in einen Taschenrechner eingeben. Häufiger wird der arithmetische Mittelwert mittels des gruppierten arithmetischen Mittelwertes $\bar{x}_g$ berechnet:

Der gruppierte arithmetische Mittelwert:

$$\overline{x}_g = \frac{\sum_{i=1}^{m} h(x_i) * x_i}{\sum_{i=1}^{m} h(x_i)} \qquad (i = 1,..,m) \qquad (2)$$

m = Anzahl der Gruppen h(x_i) mit Merkmal x_i); h(x_i) = Häufigkeit des Auftretens von x_i.

Zur Verdeutlichung sollen die bereits mit Formel (1) gelösten Probleme erneut gelöst werden, allerdings unter Benutzung von Formel (2):

Aufgabe 4.5: *An einer Hochschule wird bei einer Erhebung zum Buchbesitz festgestellt, dass 600 Studenten je 2 Bücher, 350 Studenten je 3 Bücher, 49 Studenten je 4 Bücher haben und ein Student 973 Bücher besitzt.*

Frage: *Welchen Wert hat der arithmetische Mittelwert $\overline{x}_g$?*

Lösungsweg: Aufteilung des Problems in zwei Teile.

Teil 1: Erstellung einer Häufigkeitentabelle:

Anzahl Bücher (x)	2	3	4	973
Anzahl Studenten (Häufigkeit (h(x))	600	350	49	1

Wir identifizieren:

$m = 4$; $x_1 = 2$; $x_2 = 3$; $x_3 = 4$; $x_4 = 973$; $h(x_1) = 600$; $h(x_2) = 350$;

$h(x_3) = 49$; $h(x_4) = 1$.

Teil 2: Einsetzen der Werte in Formel (2) und Berechnung von $\bar{x}_g$:

$\bar{x}_g = (600 \text{x} 2 + 350 \text{x} 3 + 49 \text{x} 4 + 1 \text{x} 973 \text{ Bücher x Studenten}) /$

$(600 + 350 + 49 + 1) \text{ Studenten} = 3419 \text{ Bücher} / 1000 \text{ Studenten}$

$= \mathbf{3{,}419 \text{ Bücher.}}$

Nicht überraschend erhalten wir das Ergebnis: $\bar{x}_g = \bar{x}$. Weil das Ergebnis nicht ganzzahlig ist und damit nicht in der Lösungsmenge enthalten ist, muss kaufmännisch gerundet werden:

Lösung: $\bar{x}_g = \mathbf{3 \text{ Bücher.}}$

Aufgabe 4.6: *Zur Kostenoptimierung wurde bei einer Umfrage in einer großen Ausbildungsstätte bei 15 freiberuflichen Lehrkräften der zeitliche Aufwand für die Planung, Vorbereitung und Durchführung eines 36-stündigen Seminars erfragt.*

Frage: *Wie groß ist der durchschnittliche zeitliche Aufwand?*

Das Ergebnis (in Stunden) stellt sich wie folgt dar:

108, 120, 150, 144, 144, 156, 101, 132, 123, 119, 141, 132, 148, 189, 78.

Lösungsweg: Aufteilung des Problems in zwei Teile.

Teil 1: Erstellung einer Tabelle, Merkmalswerte werden aufsteigend gruppiert:

Stunden (x)	78	101	108	119	120	123	132	141	144	148	150	156	189	Gesamt
Häufigkeit h(x)	1	1	1	1	1	1	2	1	2	1	1	1	1	15

Wir identifizieren wieder:

$m = 13$; $x_1 = 78$; $x_2 = 101$; $x_3 = 108$ usw. bis $x_{13} = 189$;

$h(x_1) = 1$; $h(x_2) = 1$; $h(x_3) = 1$; …; $h(x_7) = 2$; usw. bis $h(x_{13}) = 1$.

Teil 2: Verwendung von Formel (2):

$\overline{x}_g$ = (1x78 + 1x101 + 1x108 + 1x119 + 1x120 + 1x123 + 2x132 +

1x141 + 2x148 + 1x150 + 1x156 + 1x189) Std. /

(1+1+1+1+1+1+2+1+2+1+1+1+1) = 1985 Std./15 = **132,33 Stunden.**

Lösung: $\overline{x}_g$ = **132,33 Stunden.**

Anmerkung: Eine Rundung auf volle Stunden ist nicht erforderlich, weil Bruchteile von Stunden durchaus in der Lösungsmenge enthalten sind.

Aufgabe 4.7: *Bei einer Umfrage wurden die Jahresgehälter von 15 Geschäftsführern des mittleren Managements erfragt. Folgende Beträge wurden ermittelt (in TEuro):*

100, 110, 130, 130, 130, 80, 90, 140, 140, 80, 120, 120, 100, 100, 110.

Frage: *Wie viel tausend Euro (TEuro) verdienen „Geschäftsführer" im Mittel?*

Lösungsweg: Aufteilung des Problems in zwei Teile.

Teil 1: Erstellung einer Tabelle:

Gehalt/TEuro	80	90	100	110	120	130	140	Gesamt
Häufigkeit	2	1	3	2	2	3	2	15

Wir identifizieren:

$m = 7$; $x_1 = 80$TEuro; $x_2 = 90$TEuro; $x_3 = 100$TEuro bis $x_7 = 140$TEuro.

$h(x_1) = 2$; $h(x_2) = 1$; $h(x_3) = 3$ usw. bis $h(x_7) = 2$.

Teil 2: Einsetzen der Tabellenwerte in Formel (2):

$\bar{x}_g = (2 \times 80 + 1 \times 90 + 3 \times 100 + 2 \times 110 + 2 \times 120 + 3 \times 130 + 2 \times 140)$TEuro/

$(2 + 1 + 3 + 2 + 2 + 3 + 2) = 1680$TEuro $/15$

$= \mathbf{112}$ **TEuro oder 112.000,00Euro.**

Lösung: $\bar{x}_g = 112.000,00€$

Je nach Problem kann Formel (3) eine weitere Vereinfachung darstellen:

$$\bar{x}_g = \sum_{i=1}^{m} f(x_i) * x_i \qquad i=1,..,m \tag{3}$$

m = Anzahl der Gruppierungen; $f(x_i)$ = Relative Häufigkeit.

Die relative Häufigkeit $f(x_i)$ der Merkmalswerte wird durch Formel (4) definiert:

$$f(x_i) = \frac{h(x_i)}{n}, \ n = \text{Anzahl der Merkmalswerte} \tag{4}$$

Aufgabe 4.8: *An einer Hochschule wird bei einer Erhebung zum Buchbesitz festgestellt, dass 600 Studenten je 2 Bücher, 350 Studenten je 3 Bücher und 49 Studenten je 4 Bücher haben. Ein Student besitzt 973 Bücher.*

Frage: *Welchen Wert hat der arithmetische Mittelwert?*

Lösungsweg: Aufteilung des Problems in zwei Teile.

Teil 1: Berechnung der relativen Häufigkeiten $f(x_i)$ mittels Formel (4):

$f(x_1) = 600/1000 = 0,6;$

$f(x_2) = 350/1000 = 0,35;$

$f(x_3) = 49/1000 = 0,049;$

$f(x_4) = 1/1000 = 0,001.$

Teil 2: Einsetzen der relativen Häufigkeiten in Formel (3):

$\bar{x}_g = 0,6 \times 2 + 0,35 \times 3 + 0,049 \times 4 + 0,001 \times 973$ Bücher

= 3,419 Bücher.

Nach kaufmännischer Rundung folgt wieder die Lösung:

Lösung: $\bar{x}_g = 3$ **Bücher.**

5. Kennwerte der Streuung

Im Folgenden werden aus didaktischen Gründen drei Beispiele *immer wieder verwendet* (es bringt keinen Zugewinn, ständig neue Beispiele zu erfinden).

Der einfachste *Kennwert der Streuung* ist die *Spannweite w*. Die Spannweite *w* eines Merkmals **X** ist definiert als Differenz zwischen x_{max} größtem und kleinstem x_{min} Merkmalswertes.

Spannweite	Größter minus kleinster Beobachtungswert. *DIN 55 350 Teil 23*

$$w_X = x_{max} - x_{min} \qquad (5)$$

Beispiele:

Aufgabe 5.1: *Bei einer Klausur wurden von 15 Teilnehmern folgende Punktzahlen erzielt:*

8,9,10,11,14,14,8,12,12,10,10,11,13,13,13.

Frage: Wie groß ist w_X?

Lösung: w_X = 14 Punkte – 8 Punkte = **6 Punkte.**

29

Aufgabe 5.2: *Bei einer Umfrage wurden die Jahresgehälter von 15 Geschäftsführern des mittleren Managements erfragt. Folgende Beträge wurden ermittelt:*

100, 110, 130, 130, 130, 80, 90, 140, 140, 80, 120, 120, 100, 100, 110TEuro.

Frage: Wie groß ist w_X?

Lösung: w_X = 140TEuro – 80TEuro = **60Teuro.**

Aufgabe 5.3: *An 7 Tankstellen wurde der aktuelle Diesel-Preis pro Liter ermittelt:*

1,35; 140; 1,28; 133; 1,44; 1,29; 1,30Euro.

Frage: Wie groß ist w_X?

Lösung: w_X = 1,44Euro – 1,2 Euro = **0,16Euro.**

Das weitaus bekannteste *Maß für die Streuung* ist die ***Standardabweichung „s"*** bzw. die eng damit verbundene ***Varianz „s^2".***

Während die DIN 55 350 Teil 23 für „Stichproben" Anwendung findet, wird bei der Verwendung von Gesamtheiten Formel (6) verwendet. Der Grund liegt ist darin zu suchen, dass bei Stichproben <u>ein</u> Freiheitsgrad der „n" vorhandenen Freiheitsgrade bereits „verbraucht" ist und die Summen.

Varianz	Ist die Summe der quadrierten Abweichungen der Beobachtungswerte von ihrem arithmetischen Mittelwert dividiert durch die um 1 verminderte Anzahl der Beobachtungswerte.
	$\sigma^2 = \dfrac{1}{n-1}\sum\limits_{i=1}^{n}(x_i - \bar{x})^2$ *DIN 55 350 Teil 23*

$$s^2 = \frac{1}{n}\sum_{i=1}^{n}(x_i - \bar{x})^2 \tag{6}$$

Standard-abweichung	Ist die positive Quadratwurzel aus der Varianz
	$s = \sqrt{s^2}$ *DIN 55 350 Teil 23*

$$s = \sqrt{s^2} \tag{7}$$

Das Ergebnis variiert nur gering, insbesondere, wenn die Zahl der Merkmalswerte (=n), wie es in der Praxis der Fall ist, sehr groß ist. Zum Vergleich werden beiden Werte in den Beispielen angegeben.

Variations-koeffizient	Standardabweichung dividiert durch den Betrag des arithmetischen Mittelwerts. Der Variationskoeffizient wird häufig in Prozent angegeben.
	$V = \dfrac{s}{|\bar{x}|}$ $\qquad$ *DIN 55 350 Teil 23*

$$V = \frac{s}{|\bar{x}|} \qquad\qquad (8)$$

Beispiele:

Aufgabe 5.4: *Bei einer Klausur wurden von 15 Teilnehmern folgende Punktzahlen erzielt:*

8,9,10,11,14,14,8,12,12,10,10,11,13,13,13.

Frage: Wie groß sind s^2, σ^2 und V?

Lösungsweg:

Hinweis: Im ersten Beispiel werden die angegebenen Formeln (6), (7) und (8) verwendet und die Merkmalswerte eingesetzt. Diese Vorgehensweise entspricht jedoch nicht der Praxis. Daher werden alle weiteren Ergebnisse mittels Eingabe der Merkmalswerte in einen Taschenrechner, der die statistischen Funktionen beherrscht, berechnet. Alternativ kann eine Tabellenkalkulation Verwendung finden.

Mit $s^2 = \dfrac{1}{n}\sum\limits_{i=1}^{n}(x_i - \bar{x})^2$ folgt:

1. Schritt: Berechnung von $\bar{x}$:

(8+9+10+11+14+14+8+12+12+10+10+11+13+13+13)/15 = 11,2 Punkte.

(da es sich um einen Zwischenschritt handelt, wird die Nachkommastelle nicht abgerundet, obwohl der Wert 11,2 formal nicht in der Lösungsmenge enthalten ist).

2. Schritt: Berechnung der Differenzen und nachfolgendes Quadrieren:

$(8-11{,}2)^2+(9-11{,}2)^2+(10-11{,}2)^2+(11-11{,}2)^2+(14-11{,}2)^2+$
$(14-11{,}2)^2+(8-11{,}2)^2+(12-11{,}2)^2+(12-11{,}2)^2+(10-11{,}2)^2+$
$(10-11{,}2)^2+(11-11{,}2)^2+(13-11{,}2)^2+(13-11{,}2)^2+(13-11{,}2)^2 = \mathbf{56{,}4}$.

Dieser Wert, dividiert durch **n** = 15, ergibt das Endresultat:
s^2 = 56,4 / 15 = **3,76** (Punkte)^2 bzw. s = **1,939 Punkte.**

Wird der Wert aus Schritt 2 durch „n-1" = 14 dividiert, erhält man:
σ^2 = 56,4 / 14 = **4,029** (Punkte)^2 bzw. σ = **2,007 Punkte.**

Daraus ergibt sich sofort:
*V = 1,939 / 11,2 * 100 = **17,3125 %**.*

Aufgabe 5.5: *Bei einer Umfrage wurden die Jahresgehälter von 15 Geschäftsführern des mittleren Managements erfragt. Folgende Beträge wurden ermittelt:*

100, 110, 130, 130, 130, 80, 90, 140, 140, 80, 120, 120, 100, 100, 110 TEuro.

Frage: Wie groß sind s^2 und σ^2?

Lösung: Unter Zuhilfenahme des bereits berechneten arithmetischen Mittelwertes ergibt sich:

$s^2 = 376$ (TEuro)^2 bzw. $s = 19{,}391$ TEuro.

Zum Vergleich: $\sigma^2 = 402{,}86$ (TEuro)^2 bzw. $\sigma = 20{,}07$ TEuro.

Daraus folgt sofort:

$V = 19{,}391$ *TEuro / 112 TEuro * 100 = **17,313%.***

Aufgabe 5.6: *An 7 Tankstellen wurde der aktuelle Diesel-Preis pro Liter ermittelt:*

1,35; 1,40; 1,28; 1,33; 1,44; 1,29; 1,30 Euro.

Frage: Wie groß sind s^2 und σ^2?

Lösung: Unter Zuhilfenahme des arithmetischen Mittelwertes $\bar{x}$ = 1,341Euro ergibt sich:

s^2 = 0,003069 (Euro)^2 bzw. s = 0,0554Euro.

Zum Vergleich: σ^2 = 0,00358(Euro)^2 bzw. σ = 0,0598Euro.

Daraus ergibt sich sofort:

*V = 0,0554Euro / 1,341Euro * 100 = **4,131%**.*

Aufgabe 5.6: Wozu dienen Kenngrößen der Lage und der Streuung?

Antwort: Sie dienen zur **Charakterisierung** von Reihen. In Firmen, zunehmend auch in Behörden, dienen Kenngrößen der Steuerung des Geschäftsbetriebes. Durch von Controllern erhobene Kenngrößen können Führungskräfte unmittelbar erkennen, wo in dem Betrieb bzw. in der Behörde Einflussnahmen, zum Beispiel in Form von Arbeitsumverteilungen, Einsparungen u.v.m. notwendig sind.

Aufgabe 5.7: Finden Sie ein Beispiel für einen „Standardisierten Beobachtungswert".

Antwort: Unter „Standardisierte Beobachtungswerte" werden Merkmalswerte verstanden, die auf die Standardabweichung **s** bezogen (transformiert) sind.

Verwendet man die Werte aus Aufgabe 5.4 und wählt das Ergebnis der Klausur eines Teilnehmers, zum Beispiel $x_1 = 12$ Punkte, ergibt sich als „standardisierter Beobachtungswert $\bar{x}_1$:

$$\bar{x}_1 = (x_1 - \bar{x}) / s = (12 \text{ Punkte} - 11{,}2 \text{ Punkte}) / 1{,}939 = \mathbf{0{,}41}.$$

Dieser standardisierte Beobachtungswert „Schulnote" lässt sich nun mit Klausurergebnissen eines Teilnehmers vergleichen, der beispielsweise eine ähnliche Klausur im Vorjahr geschrieben hat.

6. Klassenbildung

Klassierung	Einordnen von Beobachtungswerten in die Klassen. *DIN 55 350 Teil 23* *Eine Klassierung ist für mehr als 30 Beobachtungswerte sinnvoll (DIN 53 804 Teil 1). Die Klassenbreite w wird in Abhängigkeit von der Zahl der Beobachtungswerte n und der Spannweite $w = x_{max} - x_{min}$ gewählt.*
Klassenbildung	Aufteilung des Wertebereichs eines Merkmals in Teilbereiche (Klassen), die einander ausschließen und den Wertebereich vollständig ausfüllen. *DIN 55 350 Teil 23*
Klassengrenze	Wert der oberen oder der unteren Grenze einer Klasse eines quantitativen Merkmals. Es ist festzulegen, welche der beiden Klassengrenzen als noch zu der Klasse gehörend anzusehen ist. *DIN 55 350 Teil 23*

Die Differenz zweier aufeinander folgender Klassengrenzen heißt **Klassenbreite** w_k. Für die Ermittlung der Klassenbreite gilt folgende Faustformel:

$$w_k = \frac{x_{max} - x_{min}}{\sqrt{n}} \text{ bzw.: } w_k = \frac{w}{\sqrt{n}}, \tag{9}$$

wobei **n** die Anzahl der Beobachtungswerte und $\mathbf{k} = \sqrt{n}$ die **Anzahl der Klassen** angibt.

Klassenbreite	Obere Klassengrenze minus untere Klassengrenze. DIN 55 350 Teil 23 Für die Klassenbreite wird empfohlen: $30 < n < 400 \Rightarrow w = \frac{x_{max} - x_{min}}{\sqrt{n}}$, für n > 400: $\Rightarrow$ $w = \frac{x_{max} - x_{min}}{20}$

Eine Klassierung wird ab n ≥ 30 empfohlen. Für n > 400 wird der Wurzelausdruck durch eine feste Zahl ersetzt und es gilt:

$$w = \frac{x_{max} - x_{min}}{20} \tag{10}$$

Aufgabe 6.1: Es wurde eine Erhebung der Einkommen zwischen 0,00€ und 10.000,00€ in einer großen Behörde durchgeführt. Die grafische Darstellung der Einkommen soll übersichtlich dargestellt werden. Wählen Sie die Klassenbreite passend.

Lösung: Unter der Annahme, dass die Einkommen „Cent-genau" erhoben werden, ergibt sich:

n = 10.000,00€/0,01€ = 1.000.000.

(Die *Anzahl der Klassen* ergibt sich zu: k = $\sqrt{n}$ = $\sqrt{1000000}$ = 1000, deutlich größer als 400).

Für n > 400 wird die „Faustformel" (10) verwendet und es folgt für die Klassenbreite sofort:

10.000,00€ - 0,00€/20 = **500,00€.**

Antwortsatz: Die Klassenbreite sollte nicht kleiner als 500,00€ gewählt werden.

Klassenmitte	Arithmetischer Mittelwert der Klassengrenzen einer Klasse. *DIN 55 350 Teil 23*

Aufgabe 6.2: Wie wird die Klassenmitte berechnet, wenn die obere Grenze ∞ ist?

Lösung: Es handelt sich um eine sog. offene Randklasse. Die Berechnung eines arithmetischen Mittelwertes zur Bestimmung der Klassenmitte ist nicht möglich. Alternativ können folgende Bestimmungsvarianten verwendet werden, eine Klassenmitte zu bestimmen:

a. Die am häufigsten praktizierte Möglichkeit ist die des „Schätzens". Zum Beispiel variieren die Einkommen von Chefärzten durchaus zwischen 30.000€ und 1.000.000€ pro Monat. Vermutlich wird sich, jedenfalls in Deutschland, der Großteil im unteren Einkommensbereich befinden. Das Ergebnis einer Schätzung könnte folglich die Klassenmitte der Chefarzteinkommen der nach oben offene Klasse [30.00,01€ - ∞€) bei 100.000€ festlegen.

b. Gegebenenfalls könnte der Wert, der sich bei gleichen Abständen aller Klassenmitten ergäbe, gewählt werden.

c. Eine weitere Möglichkeit ist, die erhobenen Daten zu verwenden und den sich daraus ergebenden Mittelwert zu verwenden.

7. Der Median

Median	Unter den n nach aufsteigendem oder absteigendem Zahlenwert geordneten und mit 1 bis n nummerierten Beobachtungswerten bei ungeradem n der Beobachtungswert mit der Rangzahl $(n+1)/2$, bei geradem n ein Wert zwischen den Beobachtungswerten mit den Rangzahlen $n/2$ und $(n/2)+1$. Bei geradem n wird der Median üblicherweise als arithmetischer Mittelwert der beiden Beobachtungswerte mit den Rangzahlen $n/2$ und $(n/2)+1$ definiert, falls dieser Wert Merkmalswert ist. *DIN 55 350 Teil 23.* Abkürzend wird der Median mit $\tilde{x}$, $x_{1/2}$ oder 0,5-Quartil bezeichnet. *DIN 13 303 Teil 1*

Oder anders ausgedrückt: Der Median (oder Zentralwert) ist der Merkmalswert, der eine geordnete Reihe mindestens ordinaler Merkmalswerte in **zwei gleiche Teile** zerlegt.

Der Median wird auch als „Hauptwert" bezeichnet. Üblich ist die Abkürzung: $\tilde{x}$ (x-Schlange).

Sind **n** geordnete Beobachtungswerte gegeben und ist **n** eine ungerade Zahl, so gibt es genau einen mittleren Wert. Dieser hat die Ordnungsnummer (oder „Position in der geordneten Reihe") $\dfrac{n+1}{2}$ und es gilt:

41

$$\widetilde{x} = x_{\frac{n+1}{2}} \tag{11}$$

Aufgabe 7.1: 13 Studenten schreiben eine Mathematik-Klausur. Es wurden folgende Punktezahlen erreicht:

1, 2, 5, 10, 30, 50, 70, 50, 30, 8, 5, 1, 1.

Bestimmen Sie als Maß für die Leistungsfähigkeit den Median aus den Klausurergebnissen.

Lösung: Nach aufsteigendem Ordnen der Merkmalswerte folgt die Reihe:

1, 1, 1, 2, 5, 5, 8, 10, 30, 30, 50, 50, 70.

In dieser geordneten Reihe von *13 Merkmalswerten* ist der hervorgehobene Merkmalswert „8" (an Position „7") der Wert, der in der Mitte der Reihe steht und sie in zwei gleiche Hälften teilt. Damit ist der Merkmalswert (oder Beobachtungswert) „8" der gesuchte Median $\widetilde{x}$ dieser Reihe.

Lösungssatz: Der Median der erzielten Klausurergebnisse ist „8 Punkte".

Bei einer geraden Anzahl von Beobachtungswerten **n** kommen alle Werte zwischen $x_{\frac{n}{2}}$ und $x_{\frac{n}{2}+1}$ als Median in Frage. Üblicherweise wird bei <u>metrischen</u> Merkmalen der Median durch das ***arithmetische Mittel*** der Beobachtungswerte $x_{\frac{n}{2}}$ und $x_{\frac{n}{2}+1}$ definiert:

$$\tilde{x} = \frac{1}{2}(x_{\frac{n}{2}} + x_{\frac{n}{2}+1})$$
(12)

Aufgabe 7.2: 12 Studenten schreiben eine Mathematik-Klausur. Es wurden folgende Punktezahlen erreicht:

1, 2, 5, 10, 30, 50, 70, 50, 30, 8, 5, 1.

Lösung: Nach (aufsteigendem) Ordnen der (n=12) Merkmalswerte folgt die Reihe:

1, 1, 2, 5, 5, 8, 10, 30, 30, 50, 50, 70.

In dieser geordneten Reihe von *12 Merkmalswerten* ist der Beobachtungswert $x_{\frac{12}{2}} = x_6 = 8$; der Beobachtungswert $x_{\frac{12}{2}+1} = x_7 = 10$.

Daraus folgt der Median durch Berechnung des arithmetischen Mittelwertes:

$$\tilde{x} = \frac{1}{2}(x_{\frac{n}{2}} + x_{\frac{n}{2}+1}) = \frac{1}{2}(x_{\frac{12}{2}} + x_{\frac{12}{2}+1}) = \frac{1}{2}(x_6 + x_7) = \frac{1}{2}(8+10) = \mathbf{9}.$$

Lösungssatz: Der Median der erzielten Klausurergebnisse ist „9 Punkte".

8. Quantile

Die am Häufigsten verwendeten Quantile sind Quartile und Dezile.

Quartile	Unteres Quartil: $x_{1/4}$, auch 0,25-Quantil.
	Oberes Quartil: $x_{3/4}$, auch 0,75-Quantil. *DIN 13 303 Teil 1*

Aus der Differenz des ¾-Quartils und des ¼-Quartils definiert sich der **Quartilabstand Q:**

$$Q = Q_{3/4} - Q_{1/4} \qquad\qquad (13)$$

Quartilabstand	$x_{3/4}$ - $x_{1/4}$, auch Quartilspannweite. *DIN 13 303 Teil 1*

Aufgabe 8.1: 13 Studenten schreiben eine Mathematikklausur. Es können auch Bruchteile eines Punktes erzielt werden. Folgende Ergebnisse wurden erzielt:

1, 2, 5, 10, 30, 50, 70, 50, 30, 10, 5, 1, 1.

Frage: Wie groß ist der Quartilabstand (bzw. die Quartilspannweite)?

Lösung: Aufsteigend geordnet lautet die Reihe:

1, 1, 1, 2, 5, 5, 10, 10, 30, 30, 50, 50, 70.

Das ¼-Quartil (bzw. $x_{1/4}$) ist der mittlere Merkmalswert, der links vom Median die Reihe in zwei gleiche Hälften teilt.

Da die Anzahl der Werte <u>links vom Median</u> geradzahlig (n=6) ist, wird das arithmetische Mittel aus dem 3. Wert und dem 4. Wert der geordneten Reihe berechnet und mit $Q_{1/4}$ bezeichnet:

$$Q_{1/4} = \frac{1}{2}(x_{\frac{6}{2}} + x_{\frac{6}{2}+1}) = \frac{1}{2}(x_3 + x_4) = \frac{1}{2}(1+2) = \mathbf{1{,}5}.$$

Entsprechend ist das ¾-Quartil (bzw. $x_{3/4}$) der mittlere Wert, der <u>rechts vom Median</u> die Reihe in zwei gleiche Hälften teilt:

$$Q_{3/4} = \frac{1}{2}(x_{3+7} + x_{4+7}) = \frac{1}{2}(x_{10} + x_{11}) = \frac{1}{2}(30+50) = \mathbf{40}.$$

Daraus errechnet sich der Quartilabstand **Q**:

$Q = Q_{3/4} - Q_{1/4} = 40 - 1{,}5 = \mathbf{38{,}5\ Punkte.}$

Lösungssatz: Der Quartilabstand beträgt 38,5 Punkte.

Ebenfalls üblich: Dezile und der Dezilabstand D:

Dezile	Unteres Dezil: $x_{0,1}$, auch 0,1-Quantil.
	Oberes Dezil: $x_{0,9}$, auch 0,9-Quantil.
	DIN 13 303 Teil 1
Dezilabstand	$x_{0,9} - x_{0,1}$, *DIN 13 303 Teil 1*

Aufgabe 8.2: Berechnen Sie für das Beispiel den Dezilabstand **D**.

Lösung: Aufsteigend geordnet lautet die Reihe (n = 13):

1, 1, 1, 2, 5, 5, 10, 10, 30, 30, 50, 50, 70.

Die Reihe ist in 10 gleiche Teile aufzuteilen. Weil die Reihe aus **13** Merkmalwerten besteht, liegt das untere Dezil $x_{0,1}$ *zwischen dem ersten und dem zweiten Merkmalswert* in der geordneten Reihe (weil es die Position „$x_{13/10}$" nicht gibt, wird der Mittelwert aus x_1 und x_2 berechnet):

$$x_{0,1} = \frac{1}{2}(x_1 + x_2) = \frac{1}{2}(1 + 1) = \mathbf{1.}$$

Das obere Dezil $x_{0,9}$ liegt entsprechend zwischen dem 12. und dem 13. Merkmalswert:

$$x_{0,9} = \frac{1}{2}(x_{12} + x_{13}) = \frac{1}{2}(50 + 70) = \mathbf{60.}$$

Daraus folgt für den Dezilabstand **D**:

$$D = x_{0,9} - x_{0,1} = 60 - 1 = \mathbf{59.}$$

Antwortsatz: Der Dezilabstand beträgt 59 Punkte.

9. Modalwert

Die Merkmalsausprägung **x**, die am **häufigsten (h(x))** vorkommt, heißt *häufigster Wert, dichtester Wert*, **Modalwert** $\bar{x}_D$ oder *Modus*. Es gilt: $h(\bar{x}_D) = \max_j (h(x_j))$.

Modalwert	Merkmalswert, zu dem ein Maximum der absoluten oder relativen Häufigkeit oder der Häufigkeitsdichte gehört.
	<u>Ein</u> Modalwert: Unimodal (eingipflig).
	<u>Zwei</u> Modalwerte: Bimodal (zweigipflig).
	<u>Mehr als zwei</u> Modalwerte: Multimodal (mehrgipflig).
	DIN 55 350 Teil 23

Aufgabe 9.1: In einer Schulklasse wird die Augenfarbe der Schüler ermittelt. Das Ergebnis lautet:

Blau, grün, braun, braun, blau, braun, blau, blau, grün-blau, grau, grün-grau.

Frage: Wie lautet der Modalwert?

Lösung: durch Gruppierung der Augenfarben und Auszählung derselben folgt:

4 x blau, 3 x braun, 1 x grün, 1 x grün-blau, 1 x grün-grau.

Antwortsatz: Häufigster Wert (= Modalwert) in dieser Reihe ist die Augenfarbe „blau" (4x).

Aufgabe 9.2: Welche Kenngröße ist sinnvoll: Von 5 Studierenden haben 3 blaue Augen, je einer hat grüne bzw. grau-blaue Augen.

Antwort: Da es sich um <u>nominale</u> Merkmalswerte handelt, ist die Kenngröße: **Modalwert** sinnvoll.

Aufgabe 9.3: Wie groß ist der Median: Von sieben in der Kantine versammelten Beamten sind drei in der Besoldungsgruppe A10, zwei in A9, je einer in A11 und A12.

Lösung: Zunächst ist die Reihe (aufsteigend oder absteigend) zu ordnen (n=7):

A9, A9, A10, A10, A10, A11, A12.

Dann ist mit Gleichung (11) der Median zu bestimmen:

$$\tilde{x} = x_{\frac{n+1}{2}} = x_{\frac{7+1}{2}} = x_4 = A10.$$

Antwortsatz: Der Median der Dienstgrade der in der Kantine versammelten Beamten ist „A10".

10. Das geometrische Mittel

Geometrischer Mittelwert	n-te Wurzel aus dem Produkt von n positiven Beobachtungswerten. $$\overline{x}_g = \sqrt[n]{x_1 * x_2 * ... * x_n}$$ *DIN 55 350 Teil 23* *Der geometrische Mittelwert ist vor allem dann anzuwenden, wenn ein Durchschnitt von Verhältniszahlen berechnet werden soll, die Veränderungen in jeweils gleichen zeitlichen Abständen angeben.* *DIN 55 302 Blatt 2*

Aufgabe 10.1: Die Einnahmen einer größeren Behörde entwickeln sich in den Jahren 2011 bis 2014:

Jahr	Einnahme	Zuwachs gegenüber Vorjahr	
		Zuwachsrate	Zuwachsfaktor x
2011	$U_0 = 1.000.000€$		
2012	$U_1 = 1.800.000€$	80 %	$\dfrac{U_1}{U_0} = 1{,}8$
2013	$U_2 = 1.980.000€$	10 %	$\dfrac{U_2}{U_1} = 1{,}1$
2014	$U_3 = 2.772.000€$	40 %	$\dfrac{U_3}{U_2} = 1{,}4$

Fragen: Wie groß sind

a. der **Zuwachs**,

b. die **Gesamtzuwachsrate** und

c. der **geometrische Mittelwert?**

Lösung:

Zu a. Der **Zuwachs** errechnet sich aus der Differenz zwischen Endwert und Anfangswert der Einnahmen:

2.772.000€ - 1.000.000€ = **1.772.000€.**

Zu b. Die Gesamtzuwachsrate x_G ist:

$$\frac{2.772.000 - 1.000.00}{1.000.000} = 1,772 \text{ oder } \mathbf{177,2\%.}$$

Unter Verwendung der Zuwachsfaktoren erhält man die Gesamtzuwachsrate x_G, indem zunächst das Produkt:

$$x_P = 1,8 * 1,1 * 1,4 = \mathbf{2,772}$$

gebildet und von diesem der Wert „1" subtrahiert wird:

$$x_G = x_P - 1 = 2,772 - 1 = \mathbf{1,772} \text{ bzw. } \mathbf{177,2\ \%.}$$

Zu c. Mit $\overline{x}_G = \sqrt[n]{x_1 * x_2 * .. * x_n} = \sqrt[n]{\prod\limits_{i=1}^{n} x_i}$ folgt für den geometrischen

Mittelwert:

$$\overline{x}_G = \sqrt[n]{x_1 * x_2 * .. * x_n} = \sqrt[n]{\prod\limits_{i=1}^{n} x_i} = \sqrt[3]{1,8 * 1,1 * 1,4}$$

$$\overline{x}_G = 1,404745799$$

Überprüfung:

1.000.000€ * 1,404745799 = 1.404.745,799€

1.404.745,799€ * 1,404745799 = 1.973.310,76€

1.973.310,76€ * 1,404745799 = **2.772.000€.**

Aufgabe 10.2: Beweise die Richtigkeit der vereinfachenden Formel (15):

$$\overline{x}_G = \sqrt[n]{x_1^{h(x_1)} * x_2^{h(x_2)} * ... * x_m^{h(x_m)}} = \sqrt[n]{\prod\limits_{j=1}^{m} x_j^{h(x_j)}} = \prod\limits_{j=1}^{m} x_j^{f(x_j)} \qquad (15)$$

mit $f(x_j) = \dfrac{h(x_j)}{n}$

Lösung: Zunächst ist $f(x_j) = \dfrac{h(x_j)}{n}$ nach $h(x_j)$ umzustellen:

$$h(x_j) = f(x_j) * n.$$

Dann wird dieser Term in die n-te Wurzel eingesetzt:

$$\sqrt[n]{\prod_{j=1}^{m} x_j^{h(x_j)}} = \sqrt[n]{\prod_{j=1}^{m} x_j^{f(x_j)*n}} = (\prod_{j=1}^{m} x_j^{f(x_j)*n})^{\frac{1}{n}} = (\prod_{j=1}^{m} x_j^{f(x_j)})^{\frac{n}{n}} = \prod_{j=1}^{m} x_j^{f(x_j)} .$$

Die Vereinfachung besteht darin, dass bei dieser Form des gewogenen Mittels keine **n-te Wurzel** gezogen werden muss.

11. Grafische Darstellung von Daten

Viele Menschen haben große Schwierigkeiten, aus Zahlenreihen Tendenzen abzuleiten oder ein „Gefühl" für die Bedeutung der Merkmalswerte zu bekommen (das ist unter Anderem der Grund, warum sich Digitaluhren nicht als Armbanduhren durchsetzen konnten, obwohl sie die Zeit wesentlich eindeutiger anzeigen als analoge Armbanduhren). Zur Veranschaulichung dieser Werte benutzt man die **grafische Darstellung**.

Aufgabe 11.1: Zur besseren Planung von Zirkusveranstaltungen wurden Besucher einer Vorstellung nach ihrem Alter befragt. Ermittelt wurden nachfolgende Merkmalswerte (Reihe), die in Form eines Stängel-Blatt-Diagramms dargestellt werden soll:

26, 34, 35, 13, 3, 20, 79, 50, 14, 14, 53, 9, 39, 36, 40, 41, 56, 16, 41, 17, 46, 43, 18, 35, 35, 35 Jahre.

Lösung:

Sortiert man die Reihe nach Größe und Anfangsziffern, ergibt sich nachfolgende Grafik:

0	3 9
1	3 4 4 6 7 8
2	0 6
3	4 5 5 5 5 8 9
4	0 1 1 3 6
5	0 3 6
6	
7	9

Diskussion:

Der jüngste Besucher war drei Jahre alt, der älteste Besucher 79 Jahre; die Altersgruppe der 30- jährigen stellte die größte Gruppe dar; die 35-jährigen waren mit vier Vertretern der stärkste Jahrgang.

12. Häufigkeitsverteilung

Für die **absoluten** Summenhäufigkeiten gilt:

$$H(x) = \sum_{x_k \leq x_j} h(x_k) = \sum_{k=1}^{j} h(x_k)$$ (16)

mit $k = 1,2,\ldots,j$.

Absolute Häufigkeitssumme	Anzahl der Beobachtungswerte, die einen vorgegebenen Wert nicht überschreiten (auch: kumulierte absolute Häufigkeit; bei Klassengrenze auch: summierte Besetzungszahl). *DIN 55 350 Teil 23*

für die **relative** Summenhäufigkeit gilt:

$$F(x) = \sum_{x_k \leq x_j} f(x_k) = \sum_{k=1}^{j} f(x_k)$$ (17)

Relative Häufigkeitssumme	Absolute Häufigkeitssumme dividiert durch die Gesamtzahl der Beobachtungswerte (auch: kumulierte relative Häufigkeit) *DIN 55 350 Teil 23*

Aufgabe 12.1:

Bei einer Temperaturmessung in Kassel wurde die folgende Temperaturreihe mit einer Auflösung von 1°C bestimmt. Gemessen wurden n = 13 Merkmalswerte (m_i, i=1 .. 13):

(15, 17, 17, 19, 20, 20, 21, 22, 23, 22, 23, 23, 23) °C.

Bestimmen Sie mittels grafischer Auftragung der Summenhäufigkeiten den Median der Reihe.

Lösung:

Zunächst werden die absoluten Häufigkeiten und dann die relativen Häufigkeiten der gemessenen Merkmalswerte (Temperaturen) im kontinuierlichen Temperaturintervall ((x_i), i = 1,...9) in eine Tabelle eingetragen. Als Anfangstemperatur wird: $x_1 = x_{min} = 15°C$ gewählt, als Endtemperatur: $x_9 = x_{max} = 23°C$.

Es folgt:

$h(x_1 = 15°C) = 1$;

$h(x_2 = 16°C) = 0$;

$h(x_3 = 17°C) = 2$;

$h(x_4 = 18°C) = 0$; ... bis

$h(x_9 = 23°C) = 4$.

Mit Gleichung (16) folgt dann:

$H(x_1) = h(x_1) = 1;$

$H(x_2) = h(x_1) + h(x_2) = 1 + 0 = 1;$

$H(x_3) = h(x_1) + h(x_2) + h(x_3) = 1 + 0 + 2 = 3$ bis...

$H(x_9) = h(x_1) + h(x_2) + ... + h(x_9) = 1 + 0 + 2 + 0 + ... + 4 = 13.$

Die zugehörigen relativen Häufigkeiten und die relativen Summenhäufigkeiten sind:

$f(x_1 = 15°C) = h(x_1)/n = 1/13 = 0{,}077$ bzw. 7,7%;

$f(x_2 = 16°C) = h(x_2)/n = 0/13 = 0{,}0$ bzw. 0%;

$f(x_3 = 17°C) = h(x_3)/n = 2/13 = 0{,}154$ bzw. 15,4%;

bis...

$f(x9 = 23°C) = h(x9)/n = 4/13 = 0{,}308$ bzw. 30,8%.

Mit Einsatz von Gleichung (17) folgt:

$F(x_1) = f(x_1) = 0{,}077$ bzw. 7,7%;

$F(x_2) = f(x_1) + f(x_2) = 0{,}077 + 0 = 0{,}077$ bzw. 7,7%;

$F(x_3) = f(x_1) + f(x_2) + f(x_3) = 0{,}077 + 0 + 0{,}154 = 0{,}231$ bzw. 23,1%;

bis...

$F(x_9) = f(x_1) + f(x_2) + ... + f(x_9) = 0{,}077 + 0 + 0{,}154 + 0 + ... + 0{,}308$

$= 1$ bzw. 100%.

Übersichtlich angeordnet:

Temperatur in °C x_j	15	16	17	18	19	20	21	22	23
Absolute Häufigkeit $h(x_j)$	1	0	2	0	1	2	1	2	4
Relative Häufigkeit in % $f(x_j)$	7,7	0	15,4	0	7,7	15,4	7,7	15,4	30,8
Absolute Summenhäufigkeit $H(x_j)$	1	1	3	3	4	6	7	9	13
Relative Summenhäufigkeit in % $F(x_j)$	7,7	7,7	23,1	23,1	30,8	46,2	53,8	69,2	100

Weil nach dem Median, also nach 50% relativer Summenhäufigkeit, gefragt ist, bietet sich F(x) als Ordinate an.

F(x) wird gegen die Temperatur aufgetragen. Praktischerweise werden die Punkte in Form einer <u>Treppe</u> miteinander verbunden, weil dadurch der Schnittpunkt mit der 50%-Geraden (rot) eindeutig ist und die senkrechte Projektion (grün) direkt den Median (21°C) schneidet:

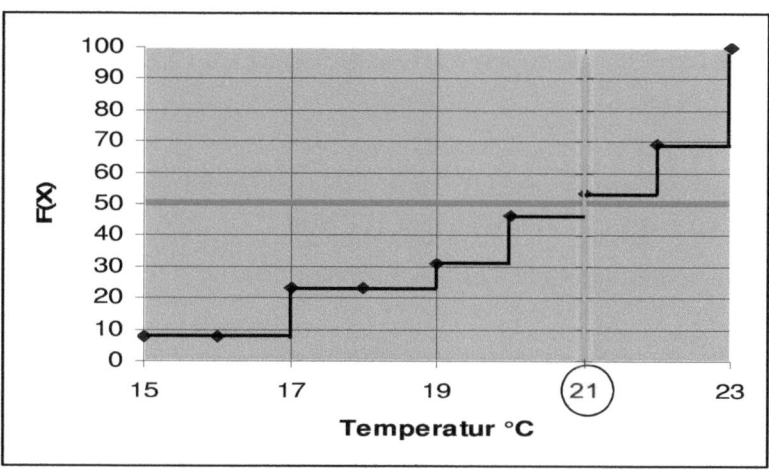

Antwortsatz: Der Median, zu finden bei der relativen Summenhäufigkeit F(x) = 50 %, ergibt sich zeichnerisch zu **21 °C**.

13. Einschub: Konzentrationsmessung und Lorenzkurve

Aufgabe 13.1: Beweisen Sie mittels Bestimmung des

a) Lorenzen Konzentrationsmaßes „L" und

b) des rein rechnerischen Konzentrationsmaßes „L*" ,

dass eine Konzentration der Umsätze mittelständischer Betriebe vorliegt. Gegeben sind die Umsätze von 10 Firmen mit einem Gesamtumsatz von vierzig Millionen Euro pro Jahr. Beachten Sie, dass die Firmen entsprechend ihren Jahresumsätzen bereits aufsteigend geordnet sind.

Betrieb	A	B	C	D	E	F	G	H	I	J
Umsatz/T€	500	700	900	1.000	1.200	1.300	1.400	8.000	10.000	15.000

Lösung

Zu a): Berechnet werden soll $L = \dfrac{F}{5000}$ mit $0 \leq L \leq 1$.

Zur Berechnung von „L" muss „F" bestimmt werden. Dazu werden zwei Kurven in ein Diagramm eingetragen: Die Lorenzkurve, die Informationen über die mögliche Konzentration der Jahresumsätze enthält, und die Kurve, die sich ergibt, wenn gerade keine Konzentration stattfindet.

Die Lorenzkurve wird gezeichnet, indem die **anteiligen Merkmals-summen** $g(x_i)$ gegen die **relativen Häufigkeitssummen** $F(x_i)$ aufge-tragen werden. Weil ohne Konzentration die Relation $g(x_k) = F(x_k)$ gilt und daher **F(x) gegen (F(x)** aufgetragen wird, ist die Kurve ein-fach gleich der „Winkelhalbierenden".

Die $g(x_k)$ werden berechnet, indem die anteiligen Merkmalssummen

$G(x_k)$ jeweils durch die Merkmalssumme $G = n\overline{x}$ dividiert werden.

„G" ist einfach der Gesamtumsatz der betrachteten Firmen (G = 40 Millionen Euro). Es gelten die folgenden Beziehungen:

Merkmalssumme $G = n\overline{x} = \displaystyle\sum_{i=1}^{n} x_i$ oder auch $G = n\overline{x} = \displaystyle\sum_{j=1}^{m} x_j h(x_j)$,

wobei

x_i, i = 1 ... n die <u>geordneten</u> Beobachtungswerte und x_j, j = 1 ... m die <u>geordneten</u> Ausprägungen mit den Häufigkeiten $h(x_j)$ bzw. den relati-ven Häufigkeiten $f(x_j)$ *bis zum Beobachtungswert bzw. zur Merkmals-ausprägung* x_k darstellen;

Relative Merkmalssumme: $g(x_k) = \dfrac{G(x_k)}{G} = \dfrac{1}{\overline{x}} \displaystyle\sum_{j=1}^{k} x_j f(x_j)$ und

Anteilige Merkmalssumme: $G(x_k) = \displaystyle\sum_{i=1}^{k} x_i$ bzw. $G(x_k) = \displaystyle\sum_{j=1}^{k} x_j h(x_j)$.

Zur Verdeutlichung wird nachfolgend und willkürlich $g(x_3)$ berechnet. Vollständig analog werden dann alle $g(x_k)$ berechnet und in die Tabelle eingetragen:

Mit: $G(x_3) = 500€ + 700€ + 900€ = 2100€$ *folgt:*

$$g(x_3) = \frac{2100}{40000} = 5,25\%.$$

(Für die Berechnung der $F(x_k)$ siehe Kapitel 12).

Tabelle Baubetriebe (Gesamtumsatz G = 40 Mio. €)

k	1	2	3	4	5	6	7	8	9	10
x_k/Mio€	0,5	0,7	0,9	1	1,2	1,3	1,4	8	10	15
$f(x_k)$	0,1	0,1	0,1	0,1	0,1	0,1	0,1	0,1	0,1	0,1
$F(x_k)$	0,1	0,2	0,3	0,4	0,5	0,6	0,7	0,8	0,9	1
$g(x_k)$	0,0125	0,03	0,0525	0,0775	0,1075	0,14	0,175	0,375	0,625	1

Tabelle Baubetriebe (Gesamtumsatz G = 40 Mio. €) ohne Konz.

k	1	2	3	4	5	6	7	8	9	10
x_k/Mio€	4	4	4	4	4	4	4	4	4	4
$f(x_k)$	1/10 = 0,1	1/10 = 0,1	1/10 = 0,1	1/10 = 0,1	1/10 = 0,1	1/10 = 0,1	1/10 = 0,1	1/10 = 0,1	1/10 = 0,1	1/10 = 0,1
$F(x_k)$	0,1	0,2	0,3	0,4	0,5	0,6	0,7	0,8	0,9	1
$g(x_k)$	4/40 = 0,1	8/40 = 0,2	12/40 = 0,3	16/40 = 0,4	20/40 = 0,5	24/40 = 0,6	28/40 = 0,7	32/40 = 0,8	36/40 = 0,9	40/40 = 1

Anmerkung: Der Faktor „1/5000" normiert „L" auf maximal „1".

Beweis:

Bei maximaler Konzentration (eine Firma macht den gesamten Umsatz) ist die gesamte umfasste Fläche gerade gleich der Fläche unterhalb der Winkelhalbierenden, also der halben Diagrammfläche. Ohne

Konzentration würde sich die Lorenzkurve gerade an die Winkelhalbierende anschmiegen. Die umfasste Fläche wäre „0". Wenn g(x) und F(x) in Prozent aufgetragen und die Prozentzeichen weggelassen werden, berechnet sich die Gesamtfläche des Diagramms zu: 100x100 = 10.000. Folglich entspricht die halbe Diagrammfläche dem Wert 10.000/2 = 5000.

Grafische Veranschaulichung der Konzentration: Die Lorenzkurve.

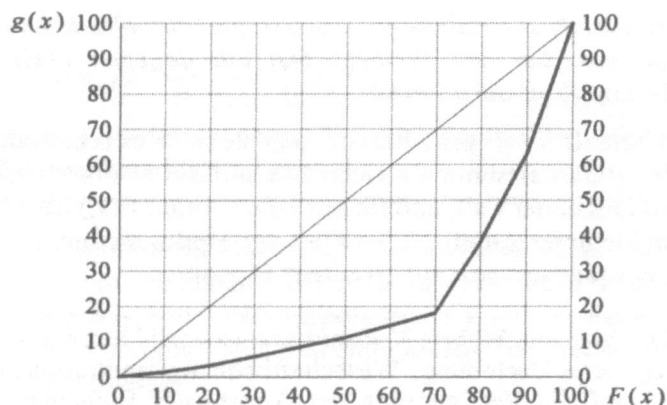

F(x) und g(x) werden üblicherweise in Prozent angegeben.

In unserem Beispiel lässt sich F grafisch bestimmen: F = 2905.

Daraus folgt mit $L = \dfrac{F}{5000}$: $L = \dfrac{2905}{5000} = \mathbf{0{,}581}$.

Zu b): Bestimmung von „L*".

$$L^* = \frac{\sum\limits_{j=1}^{m}(F(x_j)-g(x_j))}{\sum\limits_{j=1}^{m}F(x_j)}, j = 1, 2, 3, \ldots m;$$

m = Anzahl der Merkmalssummen und $0 \leq L^* \leq 1$.

Liegt keine Konzentration vor, so ist: $L^* = 0$, weil $F(x_j) = g(x_j)$ für alle j. Für große **m** gilt in der Regel:

$$L^* \approx L.$$

Aus den oben angegebenen Tabellen können die Werte für die $F(x_j)$ und $g(x_j)$ direkt entnommen werden und es ergibt sich für die Baube-triebe: $L^* = \dfrac{2,905}{5,5} = \mathbf{0,53.}$

Antwortsatz: Sowohl aus der grafischen Lösung (L = 0,581) als auch aus der rechnerischen Lösung ($L^* = 0,53$) ergibt sich eine beträchtli-che Konzentration des Umsatzes der 10 Baufirmen.

14. Mehrdimensionale Häufigkeitsverteilung

Beispiel: Aus der Volkszählung liegen Daten vor (Tabelle), die vermuten lassen, dass es einen Zusammenhang zwischen dem Einkommen und dem Konsumverhalten der arbeitenden Bevölkerung gibt.

Tabelle

Einkommen/€ x_i	500	550	520	1000	1500	1550	1600	2500	2450	2550	2600
Konsum/€ y_i	250	250	400	800	800	750	850	750	500	1000	900

Fragen:

Lässt sich ein Zusammenhang feststellen, und wenn ja, wie ist dieser Zusammenhang geartet? Lassen sich eventuell Schlussfolgerungen für andere, nicht aufgeführte Einkommen schließen?

Antwort:

Der einfachste Zusammenhang, der vermutet werden kann, ist ein **linearer**. Das heißt, je höher das Einkommen ist, desto mehr (oder weniger) wird für Konsumgüter ausgegeben.

Zur Auswahl der richtigen mathematischen Werkzeuge muss grundsätzlich vorab bestimmt werden, um welchen Skalentyp es sich handelt. Bei beiden Variablen handelt es sich um das Merkmal „Während" und damit um metrische Daten, die der Verhältnisskala zuzuordnen sind. In Falle metrischer Daten lässt sich das Verfahren der *lineraen Regression* anwenden.

15. Lineare Regression

Regressions-kurve	Ist im Falle von <u>zwei</u> Merkmalen X und Y *die* Kurve, die zu jedem Wert x des Merkmals X einen mittleren Wert y(x) des Merkmals Y angibt. Die Regression wird als linear bezeichnet, wenn die Regressionskurve durch eine Gerade angenähert werden kann. In diesem Falle ist der „lineare Regressionskoeffizient von Y bezüglich x" der Koeffizient von x (Steigung) in der Gleichung y = y(x). *DIN 55 350 Teil 23*

$\hat{y}_i = a_{yx} + b_{yx}x_i$ Gleichung der Regressionsgeraden von y auf x.

Eine Vertauschung von x mit y liefert die Regressionsgerade von x auf y.

$b_{yx} = \dfrac{s_{xy}}{s_x^2} = \dfrac{r_{xy}s_y}{s_x}$ Regressionskoeffizient von y auf x.

$a_{yx} = \bar{y} - b_{yx}\bar{x}$ Regressionskonstante von y auf x.

DIN 13 303 Teil 1

Aufgabe 15.1:

Berechnen Sie die **optimale Gerade** für die unten gelisteten Merkmalswerte (x- und y-Werte) mit **dem Casio fx-991DE plus.** Überprüfen Sie das Ergebnis, indem Sie die optimale Gerade und die Merkmalswerte zusammen in ein x-y-Diagramm einzeichnen.

x-Werte	y-Werte
500	250
550	250
520	400
1000	800
1500	800
1550	750
1600	850
2500	750
2450	500
2550	1000
2600	900
Steigung	**Achsenabschnitt**
0,215	320

Lösung: Zum Einschalten der **„statistischen Funktionen"** drücken
Sie die Tastenkombination: *(Mode) (2) (2).*

Dann geben Sie die rechts angegebenen Merkmalswertepaare ein, indem Sie den x-Wert eingeben, „=" drücken, nächsten x-Wert eingeben
etc., dann mit dem Cursor (Pfeiltasten) in die y-Spalte wechseln und
nach oben gehen und alle y-Werte eingeben. Fertig.

Um die gesuchten Konstanten a und b der optimalen Geraden zu erhalten, (AC) drücken, dann (Shift 1) (5) (1) (=) für „a", (Shift 1) (5) (2) (=) für „b".

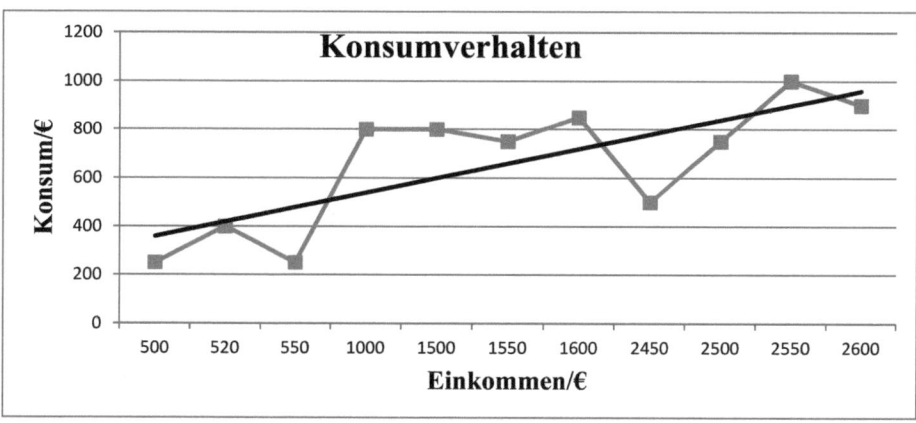

Anmerkung: Häufig werden deutlich mehr Merkmalswerte zu verarbeiten sein. In diesem Falle bieten sich Tabellenkalkulationsprogramme an. Nachfolgend wird eine Lösung mittels der bekannten Tabellenkalkulation „Excel" der Fa. Microsoft$^{©}$ vorgestellt:

Wählen Sie die **Funktion** „RGP". „RGP" hat die Form: y-Eingabe, x-Eingabe und zusätzliche Parameter, die hier nicht gebraucht werden. Bitte beachten Sie, dass Sie die x-Werte in die Zellen A2:A12 und die y-Werte in die Zellen B2:B12 **in Matrixschreibweise* {=RGP(B1:B11;A1:A11)}** eintragen!

*(*Eingabe für Matrixschreibweise: Shift+Steuerung+Return gleichzeitig drücken).*

Als Ergebnis sollte das gewünschte Ergebnis lauten:

a = 320, **b** = 0,215.

Antwortsatz: Die Gleichung der **optimalen Geraden** lautet:

$$\hat{y}_i = 0{,}215*\,x_i + 320.$$

Aufgabe 15.2: Ermitteln Sie für die oben angegebenen Wertepaare die optimale Geraden „**x auf y**".

Lösung: Es müssen bei der Eingabe (siehe oben) nur die „x-" und „y-Werte" vertauscht werden.

Sie sollten folgendes Ergebnis erhalten:

$$\hat{x}_i = 2{,}258*\,y_i + 86{,}044.$$

Um die Gerade in das x-y-Koordinatensystem eintragen zu können, bietet sich eine Umformung an:

$$y_i = (\hat{x}_i - 86{,}044)/2{,}258.$$

Aufgabe 15.3:

Eine Kommune erzielt durch „Blitzen" erhebliche Einnahmen. Ermitteln Sie mittels linearer Regression den Zusammenhang zwischen der Häufigkeit der Einsätze und der Höhe des im Jahr erzielten Bußgeldes

Außendienste (x)	40	60	110	140	150	220	280	300	330
Einnahme/Euro (y)	70	55	100	130	75	180	150	130	70

und beantworten Sie die

Fragen:

a. Wie lautet die Regressionsgrade von **y auf x**? Zeichnen Sie die optimale Gerade zusammen mit den Merkmalswerten in ein geeignetes Diagramm.

b. Berechnen Sie r, r^2 und s_e.

c. Der Bürgermeister möchte 400 TEuro Bußgelder pro Periode erzielen. Wie viele Einsätze müsste er aufgrund der Analyse *mindestens* anordnen?

d. Wie lautet die Regressionsgrade „**x auf y**"?

Lösung:

Eingabe der x- und y-Werte in den Taschenrechner (oder in Excel) ergibt sofort die gesuchten Parameter (a = Achsenabschnitt, b = Steigung):

$a_{yx} = 73,65698393$; $b_{yx} = 0,1822620519$;

$a_{xy} = 62,63276836$; $b_{yx} = 1,110734463$.

Zu a): Die optimale Gerade **y auf x** lautet: $\hat{y}_i = 0,182x + 73,657$

(**schwarz** eingezeichnet)

Mit Excel lässt sich sehr schnell die nachfolgende Grafik erzeugen, die zeigt, dass der lineare Trend mittig zwischen den Merkmalswerten angelegt ist.

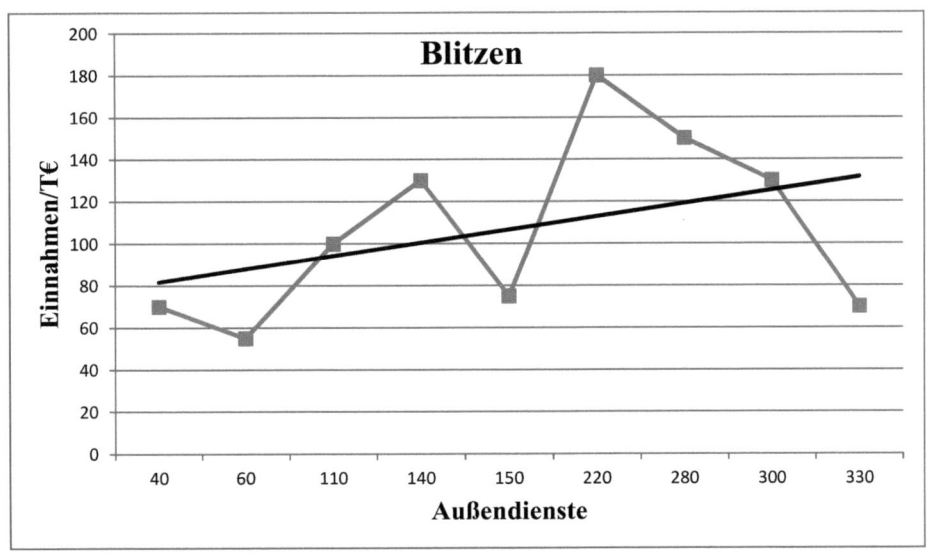

Zu b): $r = 0,4499385$; $r^2 = 0,2024$; $s_e = 0,893$.

Zu c): $\hat{y}_i = 400$ TEuro folgt: $x = 1790,51$ oder **1791 Einsätze**.

Zu d): Die optimale Gerade **x auf y** lautet:

$$\hat{x}_i = 1,11 * y_i + 62,633 \, .$$

Umgestellt nach y folgt:

$$y_i = \frac{\hat{x}_i - 62,63276836}{1,110734463} \, .$$

Aufgrund des großen Fehlers ($s_e = 89,3$ %) sind die extrapolierten Werte, obwohl beide mathematisch völlig gleichwertig sind, sehr unterschiedlich.

Aufgabe 15.4:

Die Aktie boomt. Aus diesem Grund werden von Studenten der Verwaltungsfachhochschule Kassel die Kurse einiger Aktien notiert. Besonders vielversprechend scheint der Kurs der Stiftungsaktie „Rosarot AG" zu sein. Die Aktie „Grün AG" scheint eine ähnliche Entwicklung durchzumachen. Innerhalb eines Jahres notierten die Studenten folgende Kurse:

Kurs „Rosarot" /€ (y)	1000	1200	1150	1300	1450	1200	1700	1000
Kurs „Grün AG"/€ (x)	200	220	205	280	300	260	350	200

Fragen:

a) Wie lauten die **Regressionsgraden „y auf x"** und **„x auf y"**?

b) Welchen Wert haben jeweils **r, r² und s$_e$**?

c) Wenn die Aktie der Fa. „Rosenrot AG" den Kurswert 2000 € erreicht, welchen Wert würde, eine Abhängigkeit vorausgesetzt, die Aktie der Fa. „Grün AG" annehmen (y auf x)?

Lösung:

Eingabe der x- und y-Werte in den Taschenrechner (oder in Excel) ergibt sofort die gesuchten Parameter (a = Achsenabschnitt, b = Steigung):

a_{yx} = 225,872645; b_{yx} = 4,066014313;

a_{xy} = -30,59253247; b_{xy} = 0,225974026;.

Zu a): Die optimale Gerade **y auf x** lautet: $\hat{y}_i = 225,87x + 4,066$ **(schwarz** eingezeichnet)

Mit Excel lässt sich wieder sehr schnell die nachfolgende Grafik erzeugen, die zeigt, dass der lineare Trend mittig zwischen den Merkmalswerten angelegt ist.

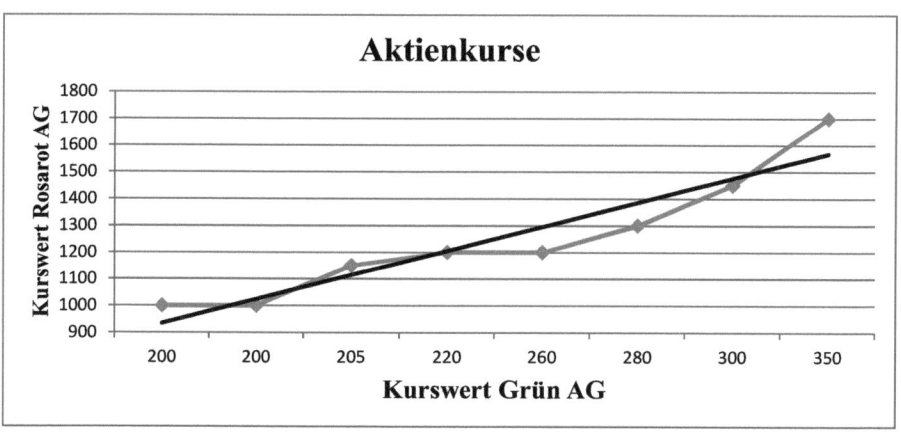

Zu b): r = 0,9585476639; r² = 0,9188136; s_e = 0,28493.

Zu c): „Rosarot AG" = 2000 € entspricht „Grün AG" = **436,33 €.**

Antwortsatz: Unter der Annahme, dass es eine lineare Abhängigkeit zwischen beiden Firmen gibt, lässt sich folgern, dass, wenn der Aktienkurs Fa. „Rosarot AG" auf 2000 € steigt, der Aktienkurs der Fa. „Grün AG" auf 436,33 € steigt.

16. Bestimmung der Regressionskonstanten a und b

Aufgabe 16.1:

Leiten Sie die Koeffizienten a_{xy} und b_{xy} her.

Regressionsgleichung: $$\hat{x}_i = b_{xy} * y_i + a_{xy}.$$

Fehler e: $$e_i = \hat{x}_i - x_i.$$

Ziel: Minimierung des Fehlers e: $$\sum_{i=1}^{n} e_i^2 \longrightarrow \min.$$

Zur Vereinfachung werden die Indizes weggelassen: $a_{xy} =$ **a**; $b_{xy} =$ **b**.

Lösung:

Minimierung der Summe der Fehlerquadrate $\sum_{i=1}^{n} e_i^2 \longrightarrow \min$, indem die Summe *partiell* nach den Regressionskoeffizienten **a** und nach **b** abgeleitet und „gleich null" gesetzt wird. Dabei wird vorausgesetzt, dass das mathematisch möglich ist (eine übliche Vorgehensweise in der VWL bzw. BWL):

Schritt 1: Substituierung des Ausdrucks für den Fehler „e_i" durch die Differenz ($\hat{x}_i - x_i$):

76

$$\sum_{i=1}^{n} e_i^2 = \sum_{i=1}^{n} (\hat{x}_i - x_i)^2 = \sum_{i=1}^{n} (a + by_i - x_i)^2 \ .$$

Schritt 2: Partielle Ableitung nach *a* und „null" setzen ergibt:

$$\frac{\partial \sum_{i=1}^{n} e_i^2}{\partial a} = 2 \cdot \sum_{i=1}^{n} (a + by_i - x_i) \cdot (+1) = 0 \quad \Rightarrow$$

$$n \cdot a + b \cdot \sum_{i=1}^{n} y_i - \sum_{i=1}^{n} x_i = 0 \qquad\qquad \text{Gleichung I}$$

Partielle Ableitung nach *b* und „null" setzen ergibt:

$$\frac{\partial \sum_{i=1}^{n} e_i^2}{\partial b} = 2 \cdot \sum_{i=1}^{n} (a + b \cdot y_i - x_i) \cdot (y_i) = 2 \cdot \sum_{i=1}^{n} (a \cdot y_i + b \cdot y_i^2 - y_i \cdot x_i) = 2 \cdot (a \cdot \sum_{i=1}^{n} y_i + b \cdot \sum_{i=1}^{n} y_i^2 - \sum_{i=1}^{n} y_i \cdot x_i)$$

$$\frac{\partial \sum_{i=1}^{n} e_i^2}{\partial b} = 0 \Rightarrow a \cdot \sum_{i=1}^{n} y_i + b \cdot \sum_{i=1}^{n} y_i^2 - \sum_{i=1}^{n} y_i \cdot x_i = 0 \qquad\qquad \text{Gleichung II}$$

Auflösen der Gleichungen I und II nach *b* ergibt:

$$b = \frac{\sum_{i=1}^{n} x_i - n \cdot a}{\sum_{i=1}^{n} y_i} \qquad\qquad \text{(aus Gleichung I)}$$

$$b = \frac{\sum\limits_{i=1}^{n} y_i \cdot x_i - a \cdot \sum\limits_{i=1}^{n} y_i}{\sum\limits_{i=1}^{n} y_i^2}$$

(aus Gleichung II)

Schritt 3: Gleichsetzungsverfahren zur Bestimmung von *a*:

$$\frac{\sum\limits_{i=1}^{n} x_i - n \cdot a}{\sum\limits_{i=1}^{n} y_i} = \frac{\sum\limits_{i=1}^{n} y_i \cdot x_i - a \cdot \sum\limits_{i=1}^{n} y_i}{\sum\limits_{i=1}^{n} y_i^2}$$, daraus folgt durch ausmultiplizieren:

$$\sum\limits_{i=1}^{n} y_i^2 \cdot \sum\limits_{i=1}^{n} x_i - n \cdot a \cdot \sum\limits_{i=1}^{n} y_i^2 = (\sum\limits_{i=1}^{n} y_i \cdot x_i) \cdot \sum\limits_{i=1}^{n} y_i - a \cdot (\sum\limits_{1=1}^{n} y_i)^2$$

Schritt 4: Ordnen der Summen nach *a* ergibt:

$$a \cdot (\sum\limits_{i=1}^{n} y_i)^2 - n \cdot a \cdot \sum\limits_{i=1}^{n} y_i^2 = (\sum\limits_{i=1}^{n} y_i \cdot x_i) \cdot \sum\limits_{i=1}^{n} y_i - \sum\limits_{i=1}^{n} y_i^2 \cdot \sum\limits_{i=1}^{n} x_i$$

Schritt 5: Ausklammern von *a* und Division durch den Klammerausdruck ergibt:

$$a_{xy} = \frac{\sum\limits_{i=1}^{n} y_i \cdot \sum\limits_{i=1}^{n} y_i \cdot x_i - \sum\limits_{i=1}^{n} y_i^2 \cdot \sum\limits_{i=1}^{n} x_i}{(\sum\limits_{i=1}^{n} y_i)^2 - n \cdot \sum\limits_{i=1}^{n} y_i^2}$$

Ganz analog wird der Koeffizient **b** bestimmt:

Auflösung der Gleichungen I und II nach **a** ergibt:

$$a = \frac{\sum_{i=1}^{n} x_i - b \cdot \sum_{i=1}^{n} y_i}{n} \qquad \text{(aus Gleichung I)}$$

$$a = \frac{\sum_{i=1}^{n} y_i \cdot x_i - b \cdot \sum_{i=1}^{n} y_i^2}{\sum_{i=1}^{n} y_i} \qquad \text{(aus Gleichung II)}$$

Gleichsetzung von **a** zur Bestimmung von **b**:

$$\frac{\sum_{i=1}^{n} x_i - b \cdot \sum_{i=1}^{n} y_i}{n} = \frac{\sum_{i=1}^{n} y_i x_i - b \cdot \sum_{i=1}^{n} y_i^2}{\sum_{i=1}^{n} y_i} \; .$$

Sortieren nach **b**:

$$b \cdot n \cdot \sum_{i=1}^{n} y_i^2 - b \cdot \sum_{i=1}^{n} y_i \cdot \sum_{i=1}^{n} y_i = n \cdot \sum_{i=1}^{n} y_i x_i - \sum_{i=1}^{n} y_i \cdot \sum_{i=1}^{n} x_i$$

Ausklammern von **b** und Division durch den Klammerausdruck ergibt:

$$b = \frac{n \cdot \sum_{i=1}^{n} y_i x_i - \sum_{i=1}^{n} y_i \cdot \sum_{i=1}^{n} x_i}{n \cdot \sum_{i=1}^{n} y_i^2 - (\sum_{i=1}^{n} y_i)^2}$$

17. Kontrollrechnung für den Korrelationskoeffizienten *r*

Kovarianz	Summe der Produkte der Abweichungen der einander zugeordneten Beobachtungswerte x_i und y_i von ihren arithmetischen Mittelwerten, dividiert durch die um 1 verminderte Anzahl der Beobachtungswerte bei einer zweidimensionalen Häufigkeitsverteilung. $$s_{xy} = \frac{1}{n-1}\sum_{i=1}^{n}(x_i - \bar{x}).(y_i - \bar{y})$$ *DIN 55 350 Teil 23*
Korrelations-koeffizient	Kovarianz dividiert durch das Produkt der Standardabweichungen beider Merkmale. Der Korrelationskoeffizient ist ein Maß für den linearen Zusammenhang zwischen den beiden Merkmalen bei einer zweidimensionalen Häufigkeitsverteilung. Sein Wertebereich erstreckt sich von -1 bis +1. Ist er einer dieser beiden Grenzen gleich, dann besteht eine lineare Beziehung Y = aX + b zwischen diesen beiden Merkmalen. $$r = \frac{s_{xy}}{s_x s_y} = \frac{\sum_{i=1}^{n}(x_i - \bar{x}).(y_i - \bar{y})}{\sqrt{\sum_{i=1}^{n}(x_i - \bar{x})^2 . \sum_{i=1}^{n}(y_i - \bar{y})^2}}$$ *DIN 55 350 Teil 23*

80

Aufgabe 17.1:

Zeigen Sie die Gültigkeit der Beziehung: $r_{yx} = r_{xy} = r$.

Lösung:

r_{yx} und r_{xy} ergeben sich durch **konsequente Vertauschung von „x"**
und „y". Daher lässt sich die Gleichheit sehr einfach beweisen, indem
in der o.a. Gleichung für „r" gemäß DIN 55 350 Teil 23 konsequent
„x" und „y" ausgetauscht werden:

$$r_{xy} = \frac{\sum_{i=1}^{n}(x_i - \bar{x}).(y_i - \bar{y})}{\sqrt{\sum_{i=1}^{n}(x_i - \bar{x})^2.\sum_{i=1}^{n}(y_i - \bar{y})^2}} = \frac{\sum_{i=1}^{n}(y_i - \bar{y}).(x_i - \bar{x})}{\sqrt{\sum_{i=1}^{n}(y_i - \bar{y})^2.\sum_{i=1}^{n}(x_i - \bar{x})^2}} = r_{yx} = r$$

Diese Formel wird später noch einmal verwendet.   (18)

18. Bestimmtheitsmaß und Standardfehler

Das **Bestimmtheitsmaß** r^2 leitet sich aus dem Korrelationskoeffizienten r ab und gibt den Anteil der durch die unabhängige Variable X bzw. durch die Regressionsfunktion erklärten Varianz an der Gesamtvarianz von Y an. r^2 setzt eine in den Regressionskoeffizienten lineare Funktion voraus und kann nur zu einer gegebenen Regressionsfunktion bestimmt werden.

Der **Standardfehler** s_e ist definiert als:

$$s_e = \sqrt{1 - r^2} \tag{19}$$

Aufgabe 18.1: Bestimmen Sie das Bestimmtheitsmaß r^2 und den Standardfehler s_e für das Beispiel 15.1 aus Kapitel 15 mittels eines Taschenrechners.

Lösung:

a. Eingabe der Merkmalswerte in den Taschenrechner und mechanisches Befolgen der Bedienungsanleitung ergibt sofort den Korrelationskoeffizienten **r** = 0,6973. Durch quadrieren von **r** folgt das Bestimmtheitsmaß **r²** = 0,486.

b. Einsetzen von **r** in Gleichung (19): **s$_e$** = 0,717 oder 71,7 %.

Antwortsatz: Das Bestimmtheitsmaß ermittelt sich zu 0,486. Somit bleiben 51,4 % der Abweichungen mathematisch ungeklärt. Der Standardfehler ist erwartungsgemäß sehr hoch und liegt bei 71,7 %.

Nachtrag zu Aufgabe 15.2:

Welchen Wert haben r, r^2 und s_e?

Lösung: r = 0,4499385; **r^2** = 0,2024; **s_e** = 0,893.

Während „r" und „r^2" durch abrufen der Werte aus dem Taschenrechner ermittelt werden, wird s_e mittels Formel (19) berechnet. Gemäß der Überlegung, dass beide Geraden „optimal" sind, folgt auch, dass r sowie r und s_e für „**y auf x**" und „**x auf y**" gleich sein müssen.

Nachtrag zu Aufgabe 15.3:

Welchen Wert haben r, r^2 und s_e?

Lösung: r = 0,9585476639; **r^2** = 0,9188136; **s_e** = 0,28493.

Erneut gilt: Während r und r^2 durch abrufen der Werte aus dem Taschenrechner ermittelt werden, wird s_e mittels Formel (19) berechnet. Aus der Überlegung, dass beide Geraden „optimal" sind, folgt auch, dass r sowie r^2 und s_e für „**y auf x**" und „**x auf y**" gleich sein müssen.

19. Zeitreihenanalyse und Trendermittlung

Frage: Was beschreiben Zeitreihen?

Antwort: Zeitreihen beschreiben *Merkmalswerte* als *Funktion der Zeit.*

Frage: Ist der Ansatz, dass Merkmalswerte als Funktion der Zeit angesehen werden können, überhaupt sinnvoll? Schließlich können Merkmalswerte sehr vielen unterschiedlichen Einflüssen unterliegen, nicht nur der Zeit!

Antwort: Ja. Unter der (zunächst durch nichts begründeten) Annahme, dass alle diese unbekannten Einflüsse stark mit der Zeit korreliert sind, kann die Zeit als Hilfsvariable betrachtet und stellvertretend für alle tatsächlichen Variablen verwendet werden.

Die Lösung wird im folgenden Kapitel 20 präsentiert.

20. Gleitender Durchschnitt

Der gleitende Durchschnitt $\bar{x}k$ **ungerader Ordnung** wird gebildet (n = Anzahl Merkmalswerte, k = ungerade):

$$\bar{x}k_t = \frac{1}{k}(x_{t-\frac{k-1}{2}} + x_{t-\frac{k-3}{2}} + \ldots + x_t + \ldots + x_{t+\frac{k-3}{2}} + x_{t+\frac{k-1}{2}}) = \frac{1}{k}\sum_{i=t-\frac{k-1}{2}}^{t+\frac{k-1}{2}}x_i \quad (20)$$

für t = $\frac{k+1}{2}, \ldots, n - \frac{k-1}{2}$.

Mittels $\frac{k+1}{2}$ wird der <u>erste</u> zu ersetzende Merkmalswert berechnet,

mittels $n - \frac{k-1}{2}$ der letzte.

Für die vereinfachte Form gilt:

$$\bar{x}k_{t+1} = \bar{x}k_t + \frac{1}{k}(x_{t+\frac{k+1}{2}} - x_{t-\frac{k-1}{2}}) \quad (21)$$

für t = $\frac{k+1}{2}, \ldots, n - \frac{k-1}{2}$.

Aufgabe: Bestimmen Sie den gleitenden Durchschnitt $\bar{x}k$ der nachfolgenden Zeitreihe für k=3.

Anmerkung: Reale Zeitreihen haben Längen von typisch 100 – 100.000 Merkmalswerten. Weil der Lerneffekt im Vordergrund steht, wird hier eine (unrealistisch) kurze Zeitreihe mit neun Merkmalswerten gewählt.

Periodenwert (t)	Zeitreihenwert
1	10
2	8
3	12
4	12
5	10
6	14
7	14
8	12
9	16

Anmerkung: Perioden- und Zeitreihenwerte sind in diesem Beispiel völlig willkürlich gewählt. Als Periodenwerte von Zeitreihen bieten sich Tage, Quartale, Jahrzehnte, aber auch Sekunden oder Bruchteile davon an. Zeitreihenwerte können alle Merkmalswerte sein, die von der Zeit abhängen und summierbar sind, zum Beispiel Gewicht, Einkommen, Temperatur usw.

Lösung:

Schritt 1: Unter Verwendung von Gleichung (20) wird zunächst der Parameter **t** (hier: Periodenwert) bestimmt, der den ersten zu ersetzenden Wert der Merkmalsreihe bezeichnet:

$$t = \frac{k+1}{2} = \frac{3+1}{2} = 2 \, .$$

Der letzte zu ermittelnde mittlere Zeitreihenwert ist ebenfalls bestimmt durch Gleichung (20):

$$t = n - \frac{k-1}{2} = 9 - \frac{3-1}{2} = 9 - 1 = 8 \, .$$

Schritt 2: Berechnung der Mittelwerte.

Der zu ersetzende **2. Wert** der Merkmalsreihe (1. Mittelwert der neuen Reihe!) ermittelt sich mit Glg. (20) nun wie folgt:

$$\bar{x}3_2 = \frac{1}{3}(x_{2-\frac{3-1}{2}} + x_{2-\frac{3-3}{2}} + x_{2+\frac{3-1}{2}}) = \frac{1}{3}(x_1 + x_2 + x_3) = \frac{1}{3}(10+8+12) = \frac{30}{3} = 10 \, .$$

Die nächsten Werte der Merkmalsreihe bestimmen sich sehr einfach, indem jede Position der Zeitreihenwerte (x-Werte) um „1" erhöht wird (aus x_1 wird x_2, aus x_2 wird x_3 etc.):

$$\bar{x}3_3 = \frac{1}{3}(x_{3-\frac{3-1}{2}} + x_{3-\frac{3-3}{2}} + x_{3+\frac{3-1}{2}}) = \frac{1}{3}(x_2 + x_3 + x_4) = \frac{1}{3}(8+12+12) = \frac{32}{3} = 10,7 \, ;$$

$$\bar{x}3_4 = \frac{1}{3}(x_3 + x_4 + x_5) = \frac{1}{3}(12+12+10) = \frac{34}{3} = 11,3 \, ;$$

$$\bar{x}3_5 = \frac{1}{3}(x_4 + x_5 + x_6) = \frac{1}{3}(12+10+14) = \frac{36}{3} = 12 \, ;$$

$$\overline{x}3_6 = \frac{1}{3}(x_5 + x_{56} + x_7) = \frac{1}{3}(10 + 14 + 14) = \frac{38}{3} = 12,7 \, ;$$

$$\overline{x}3_7 = \frac{1}{3}(x_6 + x_7 + x_8) = \frac{1}{3}(14 + 14 + 12) = \frac{40}{3} = 13,3 \, ;$$

$$\overline{x}3_8 = \frac{1}{3}(x_7 + x_8 + x_9) = \frac{1}{3}(14 + 12 + 16) = \frac{42}{3} = 14 \, .$$

Beispielrechnung unter Verwendung von Gleichung (21); k = 3; erstes t = 2; letztes t = 8:

$$\overline{x}3_3 = \overline{x}3_2 + \frac{1}{3}(x_{2+\frac{3+1}{2}} - x_{2-\frac{3-1}{2}}) = \overline{x}3_2 + \frac{1}{3}(x_4 - x_1) = \overline{x}3_2 + \frac{1}{3}(12 - 10) = 10 + \frac{2}{3} = 10,7 \, ;$$

$$\overline{x}3_4 = \overline{x}3_3 + \frac{1}{3}(x_{3+\frac{3+1}{2}} - x_{3-\frac{3-1}{2}}) = \overline{x}3_3 + \frac{1}{3}(x_5 - x_2) = 10,7 + \frac{1}{3}(10 - 8) = 10,7 + \frac{2}{3} = 11,3 \, ;$$

$$\overline{x}3_5 = \overline{x}3_4 + \frac{1}{3}(x_{4+\frac{3+1}{2}} - x_{4-\frac{3-1}{2}}) = \overline{x}3_4 + \frac{1}{3}(x_6 - x_3) = 11,3 + \frac{1}{3}(14 - 12) = 11,3 + \frac{2}{3} = 12 \, ;$$

$$\overline{x}3_6 = \overline{x}3_5 + \frac{1}{3}(x_{5+\frac{3+1}{2}} - x_{5-\frac{3-1}{2}}) = \overline{x}3_5 + \frac{1}{3}(x_7 - x_4) = 12 + \frac{1}{3}(14 - 12) = 12 + \frac{2}{3} = 12,7 \, ;$$

$$\overline{x}3_7 = \overline{x}3_6 + \frac{1}{3}(x_{6+\frac{3+1}{2}} - x_{6-\frac{3-1}{2}}) = \overline{x}3_6 + \frac{1}{3}(x_8 - x_5) = 12,7 + \frac{1}{3}(12 - 10) = 12,7 + \frac{2}{3} = 13,3 \, ;$$

Und endlich:

$$\overline{x}3_8 = \overline{x}3_7 + \frac{1}{3}(x_{7+\frac{3+1}{2}} - x_{7-\frac{3-1}{2}}) = \overline{x}3_7 + \frac{1}{3}(x_9 - x_6) = 13,3 + \frac{1}{3}(16 - 14) = 13,3 + \frac{2}{3} = 14 \, .$$

Auch wenn es nicht danach aussieht: Für große **k** reduziert sich der Rechenaufwand durch Verwendung von Glg. (21) gegenüber Glg. (20) erheblich!

Zusammenfassung der Ergebnisse in Tabellenform

Periode	Zeitreihenwert	Gleitender Durchschnitt nach (20)	Gleitender Durchschnitt nach (21)
1	10		
2	8	$\frac{10+8+12}{3}=\frac{30}{3}=10$	$\frac{10+8+12}{3}=\frac{30}{3}=10$
3	12	$\frac{8+12+12}{3}=\frac{32}{3}=10{,}7$	$10+\frac{1}{3}(12-10)=10{,}7$
4	12	$\frac{12+12+10}{3}=\frac{34}{3}=11{,}3$	$10{,}7+\frac{1}{3}(10-8)=11{,}3$
5	10	$\frac{12+10+14}{3}=\frac{36}{3}=12$	$11{,}3+\frac{1}{3}(14-12)=12$
6	14	$\frac{10+14+14}{3}=\frac{38}{3}=12{,}7$	$12+\frac{1}{3}(14-12)=12{,}7$
7	14	$\frac{14+14+12}{3}=\frac{40}{3}=13{,}3$	$12{,}7+\frac{1}{3}(12-10)=13{,}3$
8	12	$\frac{14+12+16}{3}=\frac{42}{3}=14$	$13{,}3+\frac{1}{3}(16-14)=14$
9	16		

Der gleitende Durchschnitt **gerader Ordnung** wird gebildet (n = Anzahl Merkmalswerte; k = gerade):

$$\bar{x}k_t = \frac{1}{k}\left(\frac{1}{2}x_{t-\frac{k}{2}} + \sum_{i=t-\frac{k}{2}+1}^{t+\frac{k}{2}-1} x_i + \frac{1}{2}x_{t+\frac{k}{2}}\right) \tag{22}$$

für t $= \dfrac{k}{2}+1,\ldots,n-\dfrac{k}{2}$.

Hinweis: Der jeweils erste und letzte dieser k+1-Werte wird <u>nur zur Hälfte</u> berücksichtigt!

Hat man den ersten gleitenden Durchschnittswert berechnet, kann die Berechnung der anderen Durchschnittswerte gemäß Formel (23) wie folgt berechnet werden:

$$\bar{x}k_{t+1} = \bar{x}k_t + \frac{1}{2k}\left(x_{t+\frac{k}{2}+1} + x_{t+\frac{k}{2}} - x_{t-\frac{k}{2}+1} - x_{t-\frac{k}{2}}\right) \tag{23}$$

für t $= \dfrac{k}{2}+1,\ldots,n-\dfrac{k}{2}$

Aufgaben: Berechnen Sie den gleitenden Durchschnitt für das obige Beispiel. k = 4.

Lösung:

Schritt 1: Aus Gleichung (22) werden wieder der erste und der letzte zu ersetzende Merkmalswert ermittelt.

Erstes **t**: $t = \dfrac{k}{2}+1, = \dfrac{4}{2}+1 = 3$; letztes **t**: $t = n-\dfrac{k}{2} = 9 - \dfrac{4}{2} = 7$.

Schritt 2: Aus Gleichung (22) folgt durch einfaches einsetzen für den ersten Mittelwert:

$$\overline{x}4_3 = \frac{1}{4}(0{,}5 * x_1 + x_2 + x_3 + x_4 + 0{,}5 * x_5) = \frac{1}{4}(0{,}5*10+8+12+12+0{,}5*10)=10{,}5.$$

Die nächsten Werte der Merkmalsreihe ermitteln sich wieder sehr einfach, indem jede Position der Zeitreihenwerte (x-Werte) um „1" erhöht wird (aus x_1 wird x_2, aus x_2 wird x_3 etc.):

$$\overline{x}4_4 = \frac{1}{4}(0{,}5 * x_2 + x_3 + x_4 + x_5 + 0{,}5 * x_6) = \frac{1}{4}(0{,}5*8+12+12+10+0{,}5*14)=11{,}25 ;$$

$$\overline{x}4_5 = \frac{1}{4}(0{,}5 * x_3 + x_4 + x_5 + x_6 + 0{,}5 * x_7) = \frac{1}{4}(0{,}5*12+12+10+14+0{,}5*14)=12{,}25 ;$$

$$\overline{x}4_6 = \frac{1}{4}(0{,}5 * x_4 + x_5 + x_6 + x_7 + 0{,}5 * x_8) = 0\frac{1}{4}(0{,}5*12+10+14+14+0{,}5*12)=12{,}5 ;$$

$$\overline{x}4_7 = \frac{1}{4}(0{,}5 * x_5 + x_6 + x_{67} + x_8 + 0{,}5 * x_9) = \frac{1}{4}(0{,}5*10+14+14+12+0{,}5*16)=13{,}25 .$$

Alternativ können (bis auf den ersten Mittelwert) alle anderen Mittelwerte mittels Gleichung (23) ebenfalls iterativ ermittelt werden

$$\overline{x}4_{3+1} = \overline{x}4_4 = \overline{x}4_3 + \frac{1}{2*4}(x_{3+\frac{4}{2}+1} + x_{3+\frac{4}{2}} - x_{3-\frac{4}{2}+1} - x_{3-\frac{4}{2}}) =$$

$$10{,}5+\frac{1}{8}(x_6 + x_5 - x_2 - x_1) = 10{,}5 + \frac{1}{8}(14+10-8-10)=11{,}25 .$$

Die nächsten Werte der Merkmalsreihe ermitteln sich wieder sehr einfach, indem jede Position der Zeitreihenwerte (x-Werte) um „1" erhöht wird (aus x_1 wird x_2, aus x_2 wird x_3 etc.):

$$\overline{x}4_5 = 11{,}25 + \frac{1}{8}(x_7 + x_6 - x_3 - x_2) = 11{,}25 + \frac{1}{8}(14 + 14 - 12 - 8) = 12{,}25;$$

$$\overline{x}4_6 = 12{,}25 + \frac{1}{8}(x_8 + x_7 - x_4 - x_3) = 12{,}25 + \frac{1}{8}(12 + 14 - 12 - 12) = 12{,}5;$$

$$\overline{x}4_7 = 12{,}5 + \frac{1}{8}(x_9 + x_8 - x_5 - x_4) = 12{,}5 + \frac{1}{8}(16 + 12 - 10 - 12) = 13{,}25.$$

21. Trendfunktion

$$y_{p,j} = \hat{y}_{p,j} + s_{p,j}, \quad p=\text{Periode} \tag{24}$$

$y_{p,j}$ bezeichnet den **Zeitwert**, $\hat{y}_{p,j}$ den **Trendwert** und $s_{p,j}$ die irreguläre **Schwankungskomponente**.

Der Trendwert entspricht somit dem Anteil der gesamten Kurve ohne Schwankung. Zur Berechnung der Schwankung $s_{p,j}$ wird Gleichung (24) nach $s_{p,j}$ umgestellt:

$$s_{p,j} = y_{p,j} - \hat{y}_{p,j} \tag{25}$$

Zur Eliminierung des Einflusses der irregulären Schwankungen wird zudem aus den *Differenzen zwischen Reihenwert und Trendwert aller* <u>*gleichen*</u> *Unterperioden* (= alle Werte zwischen zwei Schwankungsextrema) das arithmetische Mittel bestimmt.

$$s_j = \frac{1}{P}\sum_{p=1}^{P}(y_{p,j} - \hat{y}_{p,j}) \quad \text{für } j = 1,\ldots, q \tag{26}$$

Aufgabe 21.1:

Folgende Tabelle enthält in Spalte 4 die Bußgeldeinnahmen einer größeren Behörde. Für den Trend sind in Spalte 5 <u>gleitende</u> Durchschnitte 3. Ordnung einzutragen. In Spalte 6 bis 8 sollen die additiven

Schwankungskomponenten eingetragen werden. Achtung: **Für die Berechnung von s_p in der 1. und 3. Periode finden zwei Perioden (P=2) Anwendung, für die 2. Periode eine Periode mit P=3.**

p	j	$t_{n,i} = t_i$	$y_{p,j} = y_i$	Gleitender Durchschnitt 3. Ordnung $\hat{y}_{p,j}$	$y_{p,j} - \hat{y}_{p,j}$ für die Tertiale		
					1.	2.	3.
1	1	1	150000€				
	2	2	320000€				
	3	3	460000€				
2	1	4	480000€				
	2	5	650000€				
	3	6	760000€				
3	1	7	780000€				
	2	8	920000€				
	3	9	1060000€				
				$\displaystyle\sum_{p=1}^{P}(y_{p,j} - \hat{y}_{p,j})$			
				$\displaystyle s_j = \frac{1}{P}\sum_{p=1}^{P}(y_{p,j} - \hat{y}_{p,j})$			

Lösung:

1. Schritt: Berechnung **des ersten** zu ersetzenden Zeitwertes.

Für k = 3 folgt mit Gleichung (20): $t = \dfrac{3+1}{2} = 2$.

2. Schritt: Berechnung **des letzten** zu ersetzenden Zeitwertes:

$t = 9 - \dfrac{3-1}{2} = 8$.

3. Schritt: Berechnung von

$$\overline{x}3_3 = \frac{1}{3}(150.000\text{€} + 320000\text{€} + 460000\text{€}) = 310.000\text{€}$$

4. Schritt: Tragen Sie diesen Wert in die Spalte 5 ein. Beachten Sie, dass t=2 ist und in die Zeile: 1. Periode (p = 1), 2. Unterperiode (j = 2) eingetragen werden muss.

5. Schritt: Erhöhen Sie „t" um 1 und führen Sie Schritt 1. bis 4. erneut durch. Das Ergebnis sollte wie folgt aussehen:

p	j	$t_{n,j} = t_i$	$y_{p,j} = y_i$	Gleitender Durchschnitt 3. Ordnung $\hat{y}_{p,j}$	$y_{p,j} - \hat{y}_{p,j}$ für die Tertiale		
					1.	2.	3.
1	1	1	150000€				
	2	2	320000€	310000€			
	3	3	460000€	420000€			
2	1	4	480000€	530000€			
	2	5	650000€	630000€			
	3	6	760000€	730000€			
3	1	7	780000€	820000€			
	2	8	920000€	920000€			
	3	9	1060000€				
				$\displaystyle\sum_{p=1}^{P}(y_{p,j} - \hat{y}_{p,j})$			
				$s_j = \dfrac{1}{P}\displaystyle\sum_{p=1}^{P}(y_{p,j} - \hat{y}_{p,j})$			

6. Schritt: Berechnung der Schwankung.

Hierzu werden die Differenzen $y_{p,j} - \hat{y}_{p,j}$ gebildet und entsprechend der passenden Unterperiode in die Tabelle eingetragen:

Schwankung in der ersten Periode, 2. Unterperiode:

320.000€ - 310.000€ = 10.000€.

Schwankung in der ersten Periode, 3. Unterperiode:

460.000€ - 420.000€ = 40.000€ usw.

Die nachfolgende Tabelle zeigt das Endergebnis:

p	j	$t_{n,i} = t_i$	$y_{p,j} = y_i$	Gleitender Durchschnitt 3. Ordnung $\hat{y}_{p,j}$	$y_{p,j} - \hat{y}_{p,j}$ für die Tertiale		
					1.	2.	3.
1	1	1	150000€				
	2	2	320000€	310000€		10000€	
	3	3	460000€	420000€			40000€
2	1	4	480000€	530000€	-50000€		
	2	5	650000€	630000€		20000€	
	3	6	760000€	730000€			300000€
3	1	7	780000€	820000€	-40000€		
	2	8	920000€	920000€		0	
	3	9	1060000€				
				$\sum_{p=1}^{P}(y_{p,j} - \hat{y}_{p,j})$	-90000€	30000€	70000€
				$s_j = \frac{1}{P}\sum_{p=1}^{P}(y_{p,j} - \hat{y}_{p,j})$	-45000€	10000€	35000€

Aufgabe 21.2: Erstellung einer Prognose unter Verwendung einer „lineare Regressionsgerade". Prognostizieren Sie unter Verwendung einer „optimalen Geraden y auf x" und der gemittelten Schwankungswerte die Bußgeldeinnahmen (y-Wert) der 4. Periode, 1. Unterperiode. Verwenden Sie die gleichen Zeitwerte wie bei der Erstellung einer Prognose mittels „gleitendem Mittelwert".

Lösung:
Schritt 1:

Verwendung finden Gleichung (24): $y_{p,j} = \hat{y}_{p,j} + s_{p,j}$, p=Periode, und die Werte wie vorher, wobei die Zeitwerte $\hat{y}_{p,j}$ durch eine optimale Gerade „y auf x" (siehe Kap. 15) ermittelt werden. Es ergibt sich die „optimale Gerade" $\hat{y} = 106000\,x + 90000$. Weil die „optimale Gerade" mit einem Taschenrechner oder einer Tabellenkalkulation ermittelt wurde, werden die „optimalen Zwischenwerte" für die Periodenwerte einfach ausgelesen und in die Tabelle eingetragen.

p	j	$t_{n,j} = t_i$	$y_{p,j} = y_i$	Optimale Gerade $\hat{y} = 106000\,x + 90000$	$y_{p,j} - \hat{y}_{p,j}$ für die Tertiale		
					1.	2.	3.
1	1	1	150000€	196000€			
	2	2	320000€	302000€			
	3	3	460000€	408000€			
2	1	4	480000€	514000€			
	2	5	650000€	620000€			
	3	6	760000€	726000€			
3	1	7	780000€	832000€			
	2	8	920000€	938000€			
	3	9	1060000€	1044000€			
				$\displaystyle\sum_{p=1}^{P}(y_{p,j} - \hat{y}_{p,j})$			
				$s_j = \dfrac{1}{P}\displaystyle\sum_{p=1}^{P}(y_{p,j} - \hat{y}_{p,j})$			

s_j ist der mittlere Schwankungswert der j-ten Periode. P = 3.

Schritt 2:

Die Berechnung der Schwankungen geschieht analog der Rechnung beim gleitenden Mittelwert.

Schwankung der 1. Periode, 1. Unterperiode:

150.000€ - 196.000€ = -46.000€;

Schwankung der 1. Periode, 2. Unterperiode:

320.000€ - 302.000€ = 18.000€;

Schwankung der 1. Periode, 3. Unterperiode:

460.000€ - 408.000€ = 52.000€;

Schwankung der 2. Periode, 1. Unterperiode:

480.000€ - 514.000€ = -34.000€ usw.

Mittelung der Schwankungen:

Summierung und Division durch P=3.

Die Ergebnisse werden in die Tabelle eingetragen.

p	j	$t_{n,i}$ $= t_i$	$y_{p,j} = y_i$	Optimale Gerade $\hat{y} = 106000\,x + 90000$	$y_{p,j} - \hat{y}_{p,j}$ für die Tertiale		
					1.	2.	3.
1	1	1	150000€	196000€	-46000€		
	2	2	320000€	302000€		18000€	
	3	3	460000€	408000€			52000€
2	1	4	480000€	514000€	-34000€		
	2	5	650000€	620000€		30000€	
	3	6	760000€	726000€			34000€
3	1	7	780000€	832000€	-52000€		
	2	8	920000€	938000€		-18000€	
	3	9	1060000€	1044000€			16000€
				$\sum_{p=1}^{P} (y_{p,j} - \hat{y}_{p,j})$	-132000€	30000€	102000€
				$s_j = \frac{1}{P} \sum_{p=1}^{P} (y_{p,j} - \hat{y}_{p,j})$	-44000€	10000€	34000€

Schritt 3:

1. Berechnung des $y_{4,1}$-Wertes der optimalen Geraden:

$\hat{y}_{4,1} = 1060000€ + 90000€ = 1150000€$.

2. Addition der Schwankungskomponente s_j mit j = 1 (1. Periode). Es folgt der gesuchte Wert:

$y_{4,1}$ = 1150000€ - 44000€ = **1.106.000€.**

Antwortsatz: Die Einnahmen aus Bußgeldern der 4. Periode, 1. Unterperiode **werden** gegenüber der 3. Periode 3. Unterperiode **um 46.000€ steigen.**

Sollte sich eine Kurve nicht durch <u>additive</u> Überlagerung darstellen lassen, wird häufig eine Darstellung der Kurve durch eine <u>multiplikative</u> Überlagerung einer Geraden und einer Schwankung versucht. Die mathematische Beschreibung der Schwankungsanteile kann wie in Gleichung (27) dargestellt erfolgen.

$$s_{p,j} = y_{p,j} / \hat{y}_{p,j} \tag{27}$$

Die nachfolgende Aufgabe wird unter der Annahme gerechnet, dass der multiplikative Schwankungsfaktor keinen Trend aufweist.

Die Ergebnisse werden in die Tabelle eingetragen.

p	j	$t_{n,j}=t_i$	$y_{p,j}=y_i$	Optimale Gerade $\hat{y}=106000\,x+90000$	$y_{p,j}/\hat{y}_{p,j}$ für die Tertiale 1.	2.	3.
1	1	1	150000€	196000€	0,76531		
	2	2	320000€	302000€		1,05960	
	3	3	460000€	408000€			1,12745
2	1	4	480000€	514000€	0,93385		
	2	5	650000€	620000€		1,04839	
	3	6	760000€	726000€			1,04683
3	1	7	780000€	832000€	0,93750		
	2	8	920000€	938000€		0,98081	
	3	9	1060000€	1044000€			1,01533
$\sum_{p=1}^{P}(y_{p,j}/\hat{y}_{p,j})$					2,63666	3,0888	3,18961
$s_j=\dfrac{1}{P}\sum_{p=1}^{P}(y_{p,j}/\hat{y}_{p,j})$					0,87889	1,0296	1,06320

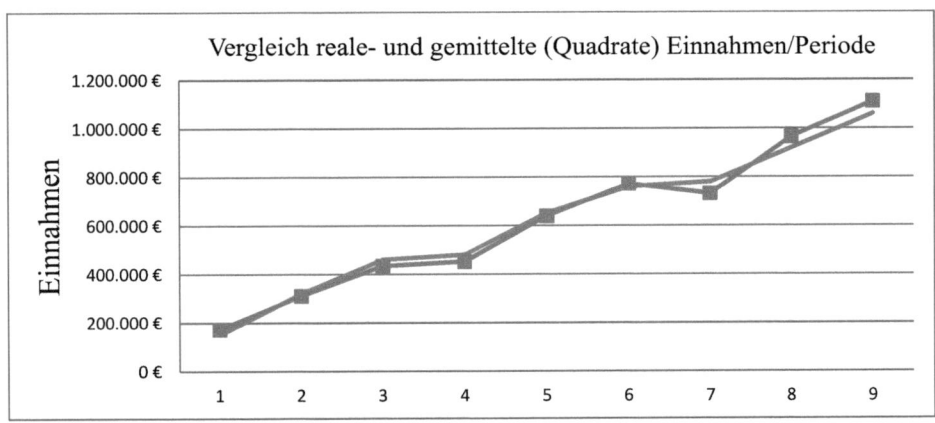

Vergleich reale- und gemittelte (Quadrate) Einnahmen/Periode

Das Diagramm zeigt die gute Übereinstimmung zwischen den real ermittelten Einnahmenwerten und denen, die aus der Überlagerung der Regressionsgraden multiplikativ mit den mittleren Schwankungen folgen. Daraus folgt, dass die Prognose in guter Näherung erstellt werden kann:

Schritt 3:

1. Berechnung des $y_{4,1}$-Wertes der optimalen Geraden (Prognose für die kommende Periode):

$$\hat{y}_{4,1} = 1060000€ + 90000€ = 1150000€ .$$

2. Multiplikation der (gemittelten) Schwankungskomponente s_j mit j = 1 (1. Periode). Es folgt der gesuchte Wert:

$$y_{4,1} = \hat{y}_{4,1} * s_1 = 1150000€ * 0,87889 = \mathbf{1.010.723,50€.}$$

Antwortsatz: Die Einnahmen aus Bußgeldern der 4. Periode, 1. Unterperiode **werden** gegenüber der 3. Periode 3. Unterperiode **um -49276,50€ geringer ausfallen**.

22. Einfache Prognosetechniken

Aufgabe 22.1: Nennen Sie drei Beispiele für qualitative Prognosen.

Lösung:

1. Der Wert des Aktiendepots wird sinken.
2. Die Einnahmen der Bußgeldstelle werden im folgenden Jahr höher ausfallen.
3. Es muss Personal abgebaut werden.

Aufgabe 22.2: Formulieren Sie die oben angegebenen qualitativen Prognosen so um, dass daraus quantitative Prognosen werden.

Lösung:

1. Der Wert des Aktiendepots wird um 20% sinken.
2. Die Einnahmen der Bußgeldstelle werden im folgenden Jahr um 10% steigen.
3. Es müssen pro Jahr 60 Stellen eingespart werden.

Aufgabe 22.3: Nennen Sie ein Beispiel für eine unbedingte Prognose. Erläutern Sie den Unterschied zu einer „normalen" Prognose.

Lösung:

Von einer **unbedingten Prognose** spricht man, wenn der Merkmalswert *nur von der Zeit als Einflussgröße abhängt* bzw. sich alle anderen Einflussgrößen und der Variablen „Zeit" subsumieren lassen. Basis einer unbedingten Prognose ist im Allgemeinen eine Zeitreihenanalyse der vergangenen Entwicklung. In diesem Sinne stellt beispielsweise die Prognose der voraussichtlichen Entwicklung eines Aktienpaketes eine **unbedingte Prognose** dar.

Naive Prognoseverfahren

In der Praxis sehr häufig verwendet wird das naive Prognoseverfahren. Es ist sehr oft ausreichend und hat dabei den Vorteil, besonders einfach anwendbar zu sein. Häufig angewendet werden die nachfolgenden drei „naiven" Prognoseverfahren, wobei mit y^*_{t+1} die Prognose zum Zeitpunkt $(t+1)$ und mit y_t, der typischerweise am Ende eines Geschäftsjahres tatsächlich ermittelten Merkmalswert zum Zeitpunkt (t) bezeichnet werden.

$$y^*_{t+1} = y_t \qquad\qquad\qquad (28)$$

$$y^*_{t+1} = y_t + (y_t - y_{t-1}) \qquad\qquad\qquad (29)$$

$$y^*_{t+1} = y_t * \frac{y_t}{y_{t-1}} \qquad\qquad\qquad (30)$$

103

Aufgabe 22.4: Nennen Sie drei naive Prognoseverfahren. Geben Sie jeweils ein Beispiel.

Antwort:

1. Der Prognosewert y^*_{t+1} aus Gleichung (28) ist gleich dem Merkmalswert y_t in der Periode t ($y^*_{t+1} = y_t$,).

   Beispiel:

   Die ermittelten Ausgaben einer Kommune im Jahre 2014 betrugen 1.500.000€ ($=y_t$). Bei der naive Prognose nach Gleichung (28) wird prognostiziert, dass im Jahre 2015 die identische Summe, also 1.500.000€, als Haushaltsansatz (y^*_{t+1}) für das Jahr 2015 zu wählen ist.

2. Berücksichtigt man zunehmende oder abnehmende Entwicklungstendenzen, kann angenommen werden, dass die Änderungen zwischen den letzten beiden Beobachtungswerten auch für die Zukunft gelten ($y^*_{t+1} = y_t + (y_t - y_{t-1})$).

   Beispiel:

   Die Ausgaben einer Kommune im Jahre 2014 betrugen 1.500.000€ ($=y_t$), die Ausgaben im Jahre 2013 dagegen nur 1.200.000€. Bei der naiven Prognose nach Gleichung (29) folgt:

   $$y^*_{2015} = 1.500.000€ + (1.500.000€ - 1.200.000€) = 1.800.000€.$$

3. Werden relative Änderungen der Ausgaben berücksichtigt, findet Gleichung (30) Anwendung:

Beispiel:

Die Ausgaben einer Kommune im Jahre 2014 betrugen 1.500.000€ (=y_t), die Ausgaben im Jahre 2013 dagegen nur 1.200.000€. Nach Gleichung (30) folgt:

$$y^*_{2015} = y_{2014} * \frac{y_{2014}}{y_{2013}} = 1.500.000€ * \frac{1.500.000€}{1.200.000€} = 1.875.000€.$$

23. Trendextrapolation auf Basis eines Zeitreihenmodells

In der Praxis weit verbreitet zur Erstellung kurzfristiger Prognosen ist das Verfahren der **exponentiellen Glättung erster und höherer Ordnung**. Bei der exponentiellen Glättung 1. Ordnung handelt es sich um eine Ermittlung des gesuchten Merkmalswertes/Prognosewertes für die Periode *t+1* als *gewogenes arithmetisches Mittel* aus dem Merkmalswert der Periode **t** und dem für diese Periode früher bestimmten Prognosewert $\hat{y}_{t-1}$. Dieses Verfahren ist nur anwendbar bei Zeitreihen, die keinen Trend und keine stark ausgeprägten periodischen Schwankungen aufweisen.

$$y*_{t+1} = \hat{y}_t = \alpha y_t + (1-\alpha)\hat{y}_{t-1} = \alpha y_t + (1-\alpha)y*_t, \text{ mit } 0<\alpha<1 \qquad (31)$$

Der exponentiell geglättete Wert $\hat{y}_t$ stellt ein **gewogenes arithmetisches Mittel** aller Vergangenheitswerte y_t, y_{t-1}, y_{t-2},... dar; α muss passend *gewählt* werden.

Aufgabe 23.1: Die tatsächlichen Ausgaben einer Kommune betrugen im Jahre 2014 genau **1.100.000,00€**. Berechnen Sie den Prognosewert $y*_{2014+1}$. Wählen Sie $\alpha = 0,7$ und als **Anfangswert den Prognosewert** $y*_{2014} = \mathbf{1.050.000}$ €. Erläutern Sie die Bedeutung von $\alpha = 0,7$.

106

Lösung:

Mit $y*_{t+1} = \hat{y}_t = \alpha y_t + (1-\alpha)\hat{y}_{t-1} = \alpha y_t + (1-\alpha)y*_t$ und den Anfangsbedingungen t = 2014; α = 0,7; Anfangstrendwert $y*_{2014}$ = 1.050.000€ folgt für

$$y*_{2014+1} = \alpha y_{2014} + (1-\alpha)y*_{2014} = 0,7*1.100.000€ + (1-0,7)*1.050.000€ =$$
$$y*_{2014+1} = 770.000€ + 315.000€ = 1.085.000€$$

Antwortsatz: Die Prognose für das Jahr 2015 beträgt 1.085.000€ und liegt damit geringfügig höher als die Prognose des Vorjahres. Der Grund dafür ist die Wahl von α = 0,7, der die aktuellen Zahlen des Jahres 2014 zu 70% und die Prognose des Vorjahres nur zu 30% berücksichtigt.

Aufgabe 23.2: Erläutern Sie, warum die „Exponentielle Glättung" den Begriff „exponentiell" in ihrem Namen zu recht trägt.

Lösung: Wird für den exponentiell geglätteten Wert der Periode **t** in die Bestimmungsgleichung $\hat{y}_{t-1} = \alpha y_{t-1} + (1-\alpha)\hat{y}_{t-2}$ eingesetzt (und entsprechend auch für $\hat{y}_{t-2}$; $\hat{y}_{t-3}$;..., $\hat{y}_1$), ergibt sich:

$$\hat{y}_t = \alpha y_t + (1-\alpha)\hat{y}_{t-1} = \alpha y_t + (1-\alpha)(\alpha y_{t-1} + (1-\alpha)\hat{y}_{t-2}) = \alpha y_t + (1-\alpha)\alpha\hat{y}_{t-1} + (1-\alpha)^2\hat{y}_{t-2}$$

$$= \alpha y_t + (1-\alpha)\alpha\hat{y}_{t-1} + (1-\alpha)^2(\alpha y_{t-2} + (1-\alpha)\hat{y}_{t-3})$$

$$= \alpha y_t + (1-\alpha)\alpha\hat{y}_{t-1} + (1-\alpha)^2\alpha y_{t-2} + (1-\alpha)^3\hat{y}_{t-3}$$

Die Größe der Gewichte $(1-\alpha)^i$ nimmt mit dem Exponenten **i** ab. Daher der Name: „exponentielle" Glättung.

Frage 23.3: Worin besteht die praktische Bedeutung der exponentiellen Glättung?

Antwort: Die praktische Bedeutung der exponentiellen Glättung besteht darin, dass für fortlaufende Prognosen nur der jeweils letzte Prognosewert gespeichert werden muss. Anwendbar zum Beispiel bei Lagerhaltung mit vielen Lagerpositionen, bei denen nur noch eine geringe Anzahl der zu speichernden Vergangenheitswerte erforderlich ist.

Frage 23.4: Kann die exponentielle Glättung 1. Ordnung auch auf Zeitreihen erfolgreich angewendet werden, die einen Trend aufweisen?

Antwort: Nein. Weist die Zeitreihe einen **Trend** auf, muss die exponentielle Glättung 2. Ordnung verwendet werden, weil die Prognosewerte sonst <u>systematisch unterschätzt</u> werden.

Aufgabe 23.5: Berechnen Sie die Werte der exponentiellen Glättung 1. Ordnung $\hat{y}_t$, 2. Ordnung $\hat{\hat{y}}_t$ und den Trendwert y^*_{t+1} zu den in den nachfolgenden Tabelle gelisteten Bußgeldern. Wählen Sie die aus den Vorjahren ermittelten Anfangswerte $\hat{y}_0 = 120000$; $\hat{\hat{y}}_0 = 105000$, $\alpha = 0{,}3$.

t	$y_t/€$	$\hat{y}_t/€$	$\hat{\hat{y}}_t/€$	$y^*_{t+1}/€$
1	150000€			
2	320000€			
3	460000€			
4	480000€			
5	650000€			
6	760000€			
7	780000€			
8	920000€			
9	1060000€			

Lösung: Verwendung finden Gleichungen (31), (32) und (33):

Mit Gleichung (31): $y^*_{t+1} = \hat{y}_t = \alpha y_t + (1-\alpha)\hat{y}_{t-1} = \alpha y_t + (1-\alpha)y^*_t$, wird

$\hat{y}_1$ ermittelt:

$$\hat{y}_1 = 0,3*150.000€ + 0,7*120.000€ = \mathbf{129.000€.}$$

Daraus folgt mit Gleichung (32): $\hat{\hat{y}}_t = \alpha\hat{y}_t + (1-\alpha)\hat{\hat{y}}_{t-1}$:

$$\hat{\hat{y}}_1 = 0,3*129.000€ + 0,7*105.000€ = \mathbf{112.200€.}$$

Die Trendanalyse ergibt mit Gleichung (33):

$y*_{t+1} = 2\hat{y}_t - \hat{\hat{y}}_{t-1} = \hat{y}_t + (\hat{y}_t - \hat{\hat{y}}_{t-1})$ und schließlich:

$y^*_{1+1} = y^*_2 = 2\hat{y}_1 - \hat{\hat{y}}_0 = 2*129.000€-105.000€ = \mathbf{153.000€}$

Entsprechend ergeben sich die weiteren Werte für $y^*_{t+1}; \hat{y}_t$ und $\hat{\hat{y}}_t$:

t	$y_t/€$	$\hat{y}_t/€$	$\hat{\hat{y}}_t/€$	$y*_{t+1}/€$
1	150000€	**129.000€**	**112.000€**	**153.000€**
2	320000€	186.300€	134.290€	260.600€
3	460000€	268.410€	174.526€	402530€
4	480000€	331.887€	221.734,30€	489.248€
5	650000€	427.320,90€	283.410,28€	632.907,50€
6	760000€	527.124,63€	356.524,59€	770.838,98€
7	780000€	602.987,24€	430.463,38€	849.449,89€
8	920000€	698.091,07€	510.751,69€	965.718,76€
9	1060000€	806.663,75€	599.525,31€	1.102.575,81€

Das nachfolgende Diagramm zeigt die gute Übereinstimmung der berechneten Trendwerte ($y*_{t+1}$) zweiter Ordnung mit den tatsächlichen Einnahmen (y_t).

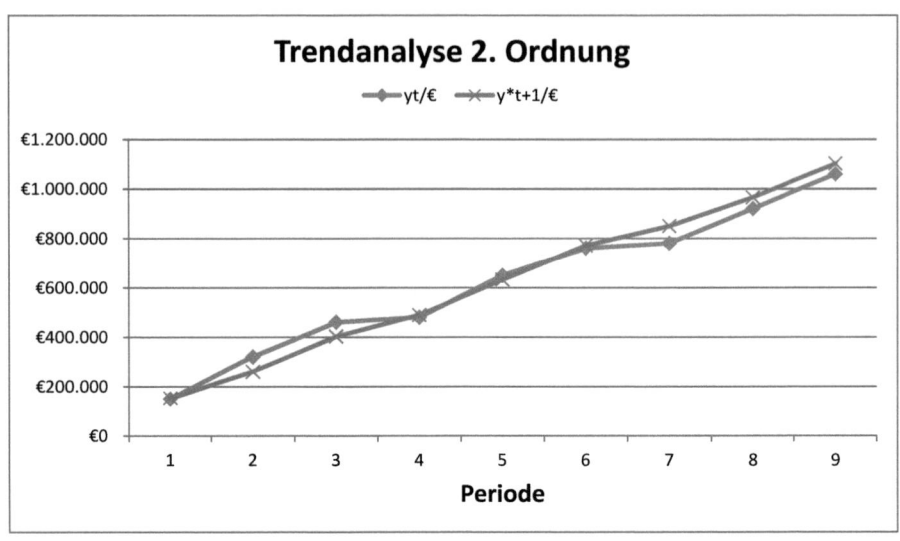

24. Die Welt ist nicht nur metrisch

Aufgabe 24.1: Finden Sie einen einfachen graphischen Zusammenhang zwischen den unten aufgeführten Merkmalswerten (Benotungen) der Klausuren „Verwaltungsrecht (VR)" und „Mathematik (Mathe)".

Studenten	A	B	C	D	E
VR	14	2	10	6	4
Mathe	1	15	8	10	14

Lösung: Versuch, durch Festlegung einer <u>Rangfolge</u> eine Systematik zu entdecken.

Aufgetragen werden in der Tabelle in absteigender Reihenfolge die erreichten Punkte der Studenten **A** bis **E**. Student **A** zum Beispiel hat die Klausur in VR als Bester mit 14 Punkten bestanden und bekommt den Rang 1. In Mathe hat Student **B** die meisten Punkte erhalten und bekommt dort den Rang 1 zugeordnet. Entsprechend werden die Ränge 2 bis 5 vergeben und in der Tabelle wie unten gezeigt eingetragen. Durch die eingezeichneten Geraden wird deutlich, dass eine starke **Anti-Symmetrie** besteht. Studenten, die in der Mathematikklausur sehr gut abgeschlossen haben, sind in VR besonders schwach. Und

umgekehrt. Ausgeglichene Studenten sind in beiden Fächern mittel-
mäßig.

Tabelle:

Student	A(14)	C(10)	D(6)	E(4)	B(2)
Rangfolge VR	1	2	3	4	5
Rangfolge Mathe	1	2	3	4	5
Student	B(15)	E(14)	D(10)	C(8)	A(1)

Antwortsatz: Die grafische Aufbereitung zeigt: Talent in VR korreliert zu Antitalent in Mathe (und umgekehrt).

114

25. Der Rangkorrelationskoeffizient R nach Spearman

Durch einen Trick lässt sich ein Maß für die Ausgeprägtheit eines Zusammenhanges zu bestimmen, auch wenn die Merkmalswerte selber nicht metrisch sind: Man ersetzt die Beobachtungen $(x_i; y_i)$ durch *Rangzahlenpaare* $(r_i; s_i)$, die als metrisch aufgefasst und durch fortlaufende Nummerierung der x- bzw. y-Werte ihrer Größe nach erhalten werden. Für dieses Rangzahlenpaar wird der **Rangkorrelationskoeffizient R** nach **Spearman** berechnet:

$$R = 1 - \frac{6}{n^3 - n} \cdot \sum_{i=1}^{n} (r_i - s_i)^2 \qquad (34)$$

R ist ein Maß für die Ausgeprägtheit des Zusammenhanges. Es gilt $-1 \leq R \leq +1$.

Oder auch:

Spearmanscher Rangkorrelationskoeffizient	Gewöhnlicher Korrelationskoeffizient **R** für die Rangzahlen **r** und **s** der Werte von Zufallsvariablen.
	$R = 1 - \frac{6}{n^3 - n} \cdot \sum_{i=1}^{n} (r_i - s_i)^2$ *DIN 13 303 Teil 1*

Aufgabe 25.1:

Es soll untersucht werden, ob es bei Studenten einen Zusammenhang zwischen dem Talent zum Verwaltungsrecht und dem Talent zur Mathematik gibt. Dazu sollen die Klausuren von 5 Studenten in den jeweiligen Fächern ausgewertet werden.

Student	Punkte VR	Punkte Mathe
A	14	1
B	2	15
C	10	8
D	6	10
E	4	14

Lösung: Zu verwenden ist Gleichung (34). Zunächst werden die Ränge 1 bis 5 vergeben, wobei es unerheblich ist, ob die wenigsten oder die meisten Punkte auf Rang 1 gesetzt werden. In dieser Lösung wurde die Klausur mit den wenigsten Punkten (schlechteste Klausur) auf Rang 1 gesetzt. Die Zuordnung ist konsequent bei allen Merkmalswerten beizubehalten. In der nachfolgenden Tabelle sind Zuordnung und nachfolgende Rechnungen gem. Gleichung (34) übersichtlich gelistet:

Tabelle:

Student	Punkte VR	Rang	Punkte Mathe	Rang	$\|r_i - s_i\|$	$(\|r_i - s_i\|)^2$
A	14	5	1	1	4	16
B	2	1	15	5	4	16
C	10	4	8	2	2	4
D	6	3	10	3	0	0
E	4	2	14	4	2	4
n = 5					Σ	40

Erläuterung zur Tabelle:

Spalte 1: Zuordnung Student.

Spalte 2: Zuordnung Klausurergebnis Verwaltungsrecht zu Student.

Spalte 3: Vergebene Ränge. Schlechteste Klausur bekommt Rang 1.

Spalte 4: Zuordnung Klausurergebnis Mathematik zu Student.

Spalte 5: Spalte 3: Vergebene Ränge. Schlechteste Klausur bekommt Rang 1.

Spalte 6: Berechnung der Rang-Differenzen. Weil das Vorzeichen nicht interessiert, wird hier nur der Betrag verwendet.

Spalte 7: Quadrat der Rang-Differenzen entsprechend Gleichung (34).

Einsetzen in die Gleichung (34) für den Rangkorrelationskoeffizienten ergibt:

$$R = 1 - \frac{6}{n^3 - n} \cdot \sum_{i=1}^{n} (r_i - s_i)^2 = 1 - \frac{6}{125 - 5} \cdot 40 = 1 - 2 = \mathbf{-1}$$

Antwortsatz: Es besteht ein perfekter mathematischer Zusammenhang zwischen der Befähigung zur Mathematik und den Leistungen in Verwaltungsrecht. Das „-„Zeichen signalisiert, dass der Zusammenhang gegenläufig interpretiert werden muss: Große mathematische Begabung geht mit geringem Wissen in Verwaltungsrecht einher und umgekehrt.

Aufgabe 25.2: In einer großen Behörde wird eine Dezernatsleiterposition ausgeschrieben. Die soziale Kompetenz und das Sachwissen werden getrennt beurteilt. Die Position soll ausnahmsweise an einen Juristen vergeben werden. Es bewerben sich 5 Juristinnen. Die Beurteilung der Auswahlgespräche erfolgt einstimmig anhand einer Skala von A bis F, wobei F das beste Urteil ist. Es werden folgende Urteile vergeben:

Tabelle:

	Kandidatin 1	*Kandidatin 2*	*Kandidatin 2*	*Kandidatin 4*	*Kandidatin 5*
Soziale Kompetenz	B	C	C	E	A
Sachwissen	E	C	D	A	E

Frage: Wie groß ist der Rangkorrelationskoeffizient „R"?

Lösung: Zu verwenden ist wieder Gleichung (34). Zunächst werden die Ränge 1 bis 5 vergeben, wobei es unerheblich ist, ob die beste oder die schlechteste Bewertung auf Rang 1 gesetzt wird. In dieser Lösung wurden „Soziale Kompetenz" und „Sachwissen" mit der Bewertung „A" (jeweils schlechteste Bewertung) auf Rang 1 gesetzt. Die Zuordnung muss konsequent bei allen Merkmalswerten beibehalten werden.

In der nachfolgenden Tabelle sind Zuordnungen und Rechnungen gem. Gleichung (34) übersichtlich gelistet:

	Soz. Kompetenz	Rang (r)	Sachwissen	Rang (s)	| r − s |	(r − s)²
K1	B	2	E	4,5	2,5	6,25
K2	C	3,5	C	2	1,5	2,25
K3	C	3,5	D	3	0,5	0,25
K4	E	5	A	1	4	16
K5	A	1	E	4,5	3,5	12,25
					Summe	*37*

Damit folgt mit $\mathbf{R} = 1 - \dfrac{6}{n^3 - n} * \sum\limits_{i=i}^{n}(r_i - s_i)^2$:

$\mathbf{R} = 1 - 6/(125 - 5)*37 = \mathbf{-0,85}$

Antwortsatz: Es gibt einen starken negativen mathematischen Zusammenhang. Je besser die Juristinnen in „Sozialer Kompetenz" abschneiden, desto schlechter präsentieren sie sich beim Sachwissen, und umgekehrt.

Aufgabe 25.3: Beweisen Sie, dass der Rangkorrelationskoeffizient **R** und der Korrelationskoeffizient **r** unter den Annahmen der **Rangverteilung** identisch sind.

Hinweise: $\sum_{i=1}^{n} x_i = \sum_{i=1}^{n} y_i = \sum_{i=1}^{n} i = \frac{n}{2} * (n+1)$;

$\sum_{i=1}^{n} x_i^2 = \sum_{i=1}^{n} y_i^2 = \sum_{i=1}^{n} i^2 = \frac{1}{6} * n * (n+1) * (2n+1)$; $\bar{x} = \bar{y}$.

Lösung:

Der Rangkorrelationskoeffizient **R** folgt aus dem Korrelationskoeffizient **r**:

$$r = \frac{\sum_{i=1}^{n}(x_i - \bar{x}).(y_i - \bar{y})}{\sqrt{\sum_{i=1}^{n}(x_i - \bar{x})^2 . \sum_{i=1}^{n}(y_i - \bar{y})^2}} \quad \text{oder auch:}$$

$$r = \frac{\sum_{i=1}^{n} \frac{1}{n} x_i y_i - \overline{xy}}{\sqrt{\sum_{i=1}^{n} \frac{1}{n} x_i^2 - \bar{x}^2} . \sqrt{\sum_{i=1}^{n} \frac{1}{n} y_i^2 - \bar{y}^2}} . \qquad (I)$$

r ist nur für quantitative Merkmalswerte einsetzbar. Da Rangwerte ebenfalls der quantitativen Skala angehören, kann **r** auch für Rangwerte verwendet werden.

Aufgrund der folgenden Eigenschaften kann **r** für „Ränge" erheblich vereinfacht werden:

Es gelten die Identitäten:

$$\bar{x} = \bar{y}; \ \sum_{i=1}^{n} x_i = \sum_{i=1}^{n} y_i = \sum_{i=1}^{n} i = \frac{1}{2}n(n+1) \ \text{sowie}$$

$$\sum_{i=1}^{n} x_i^2 = \sum_{i=1}^{n} y_i^2 = \sum_{i=1}^{n} i^2 = \frac{1}{6}n(n+1)(2n+1)\frac{1}{2}n(n+1).$$

Damit folgt für den Nenner aus Formel (A):

$$\sqrt{\sum_{i=1}^{n}\frac{1}{n}x_i^2 - \bar{x}^2} \cdot \sqrt{\sum_{i=1}^{n}\frac{1}{n}y_i^2 - \bar{y}^2} = \frac{1}{n}\sum_{i=1}^{n} x_i^2 - \bar{x}^2 = \frac{1}{n}\sum_{i=1}^{n} x_i^2 - (\frac{\sum_{i=1}^{n} x_i}{n})^2 =$$

$$\frac{1}{n}\frac{1}{6}n(n+1)(2n+1) - (\frac{1}{n}\frac{1}{2}n(n+1))^2 = \frac{1}{12}(n^2-1).$$

Für den Zähler erhält man unter Verwendung der Umformung folgende Ausdrücke:

$$\sum_{i=1}^{n}(x_i - y_i)^2 = \sum_{i=1}^{n} x_i^2 - 2\sum_{i=1}^{n} x_i y_i + \sum_{i=1}^{n} y_i^2 \ \text{und Auflösen nach} \ \sum_{i=1}^{n} x_i y_i :$$

$$\sum_{i=1}^{n} x_i y_i = \frac{1}{2}\sum_{i=1}^{n} x_i^2 + \frac{1}{2}\sum_{i=1}^{n} y_i^2 - \frac{1}{2}\sum_{i=1}^{n}(x_i - y_i)^2 .$$

Damit folgt:

$$\frac{1}{n}\sum_{i=1}^{n} x_i y_i - \overline{xy} = \dots\dots\dots = \frac{1}{12}(n^2-1) - \frac{1}{2n}\sum_{i=1}^{n}(x_i - y_i)^2$$

Diese Ausdrücke in die Formel für den Korrelationskoeffizienten (I) eingesetzt ergibt:

$$R = \frac{\frac{1}{12}(n^2-1) - \frac{1}{2n}\sum_{i=1}^{n}(x_i - y_i)^2}{\frac{1}{12}(n^2-1)} = 1 - \frac{6\sum_{i=1}^{n}(x_i - y_i)^2}{n(n^2-1)}.$$

26. Nominale Werte

Kontingenztafel *(Kreuztabelle)*	Zweiwegtafel im Fall qualitativer Merkmale, auch bei mehr als zwei qualitativen Merkmalen. *DIN 55 350 Teil 23*

Aufgabe 26.1:

In einer Schule mit 540 Schülerinnen und Schüler wurde darüber abgestimmt, ob eine Eintagesfahrt oder eine Zweitagesfahrt durchgeführt werden soll. 128 männliche und 172 weibliche Schüler haben sich für die Eintagesfahrt ausgesprochen, während 102 männliche und 138 weibliche Schüler die Zweitagesfahrt bevorzugen würden.

Führen Sie einen Test auf <u>bedingte</u> Abhängigkeit der Merkmale durch. Erstellen Sie dazu eine Kreuztabelle und tragen die Umfrageergebnisse in die Tabelle ein.

Lösung:

Schritt 1: Eintrag der Umfrageergebnisse in eine geeignete Tabelle:

Tabelle:

	Eintagesfahrt	Zweitagesfahrt	Summe
Männlich	128	102	230
Weiblich	172	138	310
Summe	300	240	540

Zeilen und Spalten, die mit einem Pfeil gekennzeichnet sind, werden als „**Randverteilung**" bezeichnet.

Randverteilung	Häufigkeitsverteilung einer Teilmenge von $k_l < k$ Merkmalen zu einer (mehrdimensionalen) Häufigkeitsverteilung von k Merkmalen (z.B. gibt es bei einer zweidimensionalen Häufigkeitsverteilung [k=2] von zwei Merkmalen X und Y die jeweils eindimensionale Randverteilung von X und Y). *DIN 55 350 Teil 23*

Schritt 2: Berechnung der bedingten Verteilungen der relativen Häufigkeiten für X (=Geschlecht) und Y (=Tagesfahrt), indem die Merkmalswerte der Umfrageergebnisse durch die zugehörigen Randverteilungen dividiert werden. Sind die Werte gleich, gibt es **keine Abhängigkeit**.

Bedingte Verteilung	Häufigkeitsverteilung einer Teilmenge von $k_l < k$ Merkmalen zu einer (mehrdimensionalen) Häufigkeitsverteilung von k Merkmalen bei gegebenen Werten der anderen $k - k_l$ Merkmale (z.B. gibt es bei einer zweidimensionalen Häufigkeitsverteilung [k=2] von zwei Merkmalen X und Y die jeweils eindimensionale bedingte Häufigkeitsverteilung von X und Y. *DIN 55 350 Teil 23*

Bedingte Verteilung von „Geschlecht"		
	Eintagesfahrt	Zweitagesfahrt
Männlich	128/230=0,55	102/230=0,45
Weiblich	172/310=0,55	138/310=0,45

Bedingte Verteilung von „Tagesfahrt"		
	Eintagesfahrt	Zweitagesfahrt
Männlich	128/300=0,43	102/240=0,43
Weiblich	172/300=0,57	138/240=0,57

Antwortsatz: Die bedingten Verteilungen für „Geschlecht" und „Tagesfahrt" hängen <u>nicht</u> davon ab, welche Ausprägung das jeweils andere Merkmal annimmt. „Geschlecht" und „Tagesfahrt" sind voneinander unabhängig.

Aufgabe 26.2:

In einer Schule mit 540 Schülerinnen und Schüler wurde darüber abgestimmt, ob eine Eintagesfahrt oder eine Zweitagesfahrt durchgeführt werden soll. **140** männliche und **160** weibliche Schüler haben sich für die Eintagesfahrt ausgesprochen, während **90** männliche und **150** weibliche Schüler die Zweitagesfahrt bevorzugen würden.

Führen Sie einen Test auf bedingte Abhängigkeit der Merkmale durch. Erstellen Sie dazu eine Kreuztabelle und tragen die Umfrageergebnisse in die Tabelle ein.

Schritt 1: Eintrag der Umfrageergebnisse in eine geeignete Tabelle:

Tabelle:

	Eintagesfahrt	Zweitagesfahrt	Summe
Männlich	140	90	230
Weiblich	160	150	310
Summe	300	240	540

Schritt 2: Prüfung auf bedingte Abhängigkeit:

Bedingte Verteilung von „Geschlecht"		
	Eintagesfahrt	Zweitagesfahrt
Männlich	140/230=0,61	90/230=0,39
Weiblich	160/310=0,52	150/310=0,48

Bedingte Verteilung von „Tagesfahrt"		
	Eintagesfahrt	Zweitagesfahrt
Männlich	140/300=0,47	90/240=0,38
Weiblich	160/300=0,53	150/240=0,62

Antwortsatz: Die bedingten Verteilungen für „Geschlecht" und „Tagesfahrt" hängen davon ab, welche Ausprägung das jeweils andere Merkmal annimmt. „Geschlecht" und „Tagesfahrt" sind voneinander abhängig.

126

27. Kontingenzkoeffizient C nach Pearson

Zur Berechnung der „**Enge des Zusammenhanges**" gibt es eine Auswahl von möglichen **Kontingenzkoeffizienten**. Allen gemein ist, dass ein χ^2 (sprich: Chi-Quadrat) als Hilfsgröße berechnet werden muss. χ^2 ist ein Maß für die Verteilungseigenschaften einer statistischen Grundgesamtheit. O.B.d.A. legen wir uns auf den Kontingenzkoeffizient C nach **Pearson** fest.

$$C = \sqrt{\frac{\chi^2}{\chi^2 + n}} \qquad (35)$$

n = Anzahl der Merkmalswerte in der betrachteten Grundgesamtheit.

χ^2 kann aus den Merkmalswerten mit folgender Beziehung bestimmt werden:

$$\chi^2 = \sum_{i=1}^{r}\sum_{j=1}^{c} \frac{(n_{ijemp} - n_{ijth})^2}{n_{ijth}} \qquad (36)$$

r = Anzahl der Zeilen (**r**ow); **c** = Anzahl der Spalten (**c**olumn)

Aufgabe 27.1:

In einer Schule mit 540 Schülerinnen und Schüler wurde darüber abgestimmt, ob eine Eintagesfahrt oder eine Zweitagesfahrt durchgeführt werden soll. **140** männliche und **160** weibliche Schüler haben sich für die Eintagesfahrt ausgesprochen, während **90** männliche und **150** weibliche Schüler die Zweitagesfahrt bevorzugen würden.

Frage: Wie stark ist der Zusammenhang zwischen dem Geschlecht der Studenten und der Entscheidung, ob eine eintägige oder eine zweitägige Fahrt durchgeführt werden soll?

Lösung:

Schritt 1: Zunächst wird die Kreuztabelle aufgestellt:

	Eintagesfahrt	Zweitagesfahrt	Summe
Männlich	140	90	230
Weiblich	160	150	310
Summe	300	240	540

Schritt 2: Berechnung von χ^2:

$$\chi^2 = \frac{\left(n_{11emp} - n_{11th}\right)^2}{n_{11th}} + \frac{\left(n_{12emp} - n_{12th}\right)^2}{n_{12th}} + \frac{\left(n_{21emp} - n_{21th}\right)^2}{n_{21th}} + \frac{\left(n_{22emp} - n_{22th}\right)^2}{n_{22th}}.$$

Es gilt die in der Mathematik übliche Vereinbarung, dass mit **i** die Zeilennummer und mit **j** die Spaltennummer bezeichnet wird (Kopfspalte und Seitenspalte werden nicht gezählt).

Beispiel: Der Term n_{12th} bezeichnet in obiger Tabelle den Merkmals-wert in der 1. Zeile und der 2. Spalte, also „90").

Um χ^2 berechnen zu können, müssen noch die theoretisch zu erwartenden (unabhängigen) n_{ij} berechnet werden, i = 1 und 2; j = 1 und 2.

$$n_{11th} = \frac{(230*300)}{540} = 127,8;$$

$$n_{12th} = \frac{(230*240)}{540} = 102,2;$$

$$n_{21th} = \frac{(310*300)}{540} = 172,2;$$

$$n_{22th} = \frac{(310*240)}{540} = 137,8.$$

Eingesetzt in die Formel für χ^2 folgt das Zwischenergebnis:

$$\chi^2 = \frac{(140-127,8)^2}{127,8} + \frac{(90-102,2)^2}{102,2} + \frac{(160-172,2)^2}{172,2} + \frac{(150-137,8)^2}{137,8} = 4,56.$$

Daraus berechnet sich $C = \sqrt{\dfrac{\chi^2}{\chi^2+n}} = \sqrt{\dfrac{4,56}{4,56+540}} = 0,09.$

Schritt 3: Um eine Vergleichbarkeit mit Ergebnissen unterschiedlicher Dimensionen von Merkmalsausprägungen zu erreichen und eine definierte Obergrenze zu erhalten, idealerweise 1, ist der Wert für C mit einem Faktor C_{min} zu korrigieren:

$$C_{\text{corr}} = C * C_{\min}, \text{ mit} \qquad (37)$$

$$C_{\min} = \sqrt{\frac{\min(r;c)}{\min(r;c)-1}} \qquad (38)$$

Da die Anzahl der Zeilen **r** = Anzahl der Spalten **c** = 2 ist, ist der Korrekturfaktor einfach zu berechnen (sind **r** und **c** ungleich wird der *kleinere* Wert verwendet):

$$C_{\min} = \sqrt{\frac{2}{2-1}} = 1,414 \, .$$

Damit ergibt sich: $C_{\text{corr}} = C * 1,414 = \mathbf{0,13,}$ mit $0 \leq C_{\text{corr}} \leq 1$.

Antwortsatz: Es gibt einen schwach ausgeprägten mathematischen Zusammenhang zwischen dem Geschlecht der Studenten und der Frage nach ein- oder mehrtägiger Fahrt. Ungeklärt ist, ob dieser berechnete Zusammenhang signifikant ist.

Aufgabe 27.2: Aus gegebenem Anlass wurde bei einer große Behörde in Hessen eine Umfrage durchgeführt, in der die Akzeptanz der Absolventen des Master of Public Administration (MPA) Programms geprüft werden sollte. Ergebnis: Von den 1400 Beschäftigten der Behörde sind 200 angestellt. 200 Beamte äußerten sich positiv über die MPAs, von den Angestellten äußern sich 150 positiv.

Frage: Wie stark ist der Zusammenhang zwischen der Art des Beschäftigungsverhältnisses (Beamte/Angestellte) und der Akzeptanz der MPA's (positiv/nicht positiv)?

Lösung:

Schritt 1: Zunächst wird die Kreuztabelle aufgestellt:

	Positiv	N. Positiv	Summe
Beamte	200	1000	1200
Angestellte	150	50	200
Summe	350	1050	1400

Schritt 2: Berechnung von χ^2:

$$\chi^2 = \frac{(n_{11emp} - n_{11th})^2}{n_{11th}} + \frac{(n_{12emp} - n_{12th})^2}{n_{12th}} + \frac{(n_{21emp} - n_{21th})^2}{n_{21th}} + \frac{(n_{22emp} - n_{22th})^2}{n_{22th}}.$$

Um χ^2 berechnen zu können, müssen noch die theoretisch zu erwartenden (unabhängigen) n_{ijth} berechnet werden, $i = 1$ und 2; $j = 1$ und 2.

Berechnung wie im ersten Beispiel:

$n_{11th} = 1200*350/1400 = 300;$

$n_{12th} = 1200*1050/1400 = 900;$

$n_{21th} = 200*350/1400 = 50;$

$n_{22th} = 200*1050/1400 = 150.$

Nun sind alle Werte zur Berechnung von χ^2 bekannt. Eingesetzt in die Formel für χ^2 folgt:

$\chi^2 = (200 - 300)^2 / 300 + (1000 - 900)^2 / 900 + (150 - 50)^2 / 50 +$
$(50 - 150)^2 / 150 .$

$\chi^2 = 33,3 + 11,1 + 200 + 66,7$

$\boldsymbol{\chi^2 = 311,1.}$

Schritt 3: Zur Beantwortung der Frage nach der **Enge des Zusammenhangs** wird der Pearsonsche Kontingenzkoeffizient **C** bzw. $\mathbf{C_{Korr}}$ verwendet.

$$C = \sqrt{\frac{X^2}{X^2 + n}} \quad n = \text{Anzahl der Merkmalswerte}$$

Daraus folgt: $\mathbf{C} = \sqrt{\dfrac{311,1}{311,1 + 1400}} = \mathbf{0,426.}$

Schritt 4: Berechnung des korrigierten Wertes für C mit

$$C_{corr} = C * C_{min}, \text{ wobei } C_{min} = \sqrt{\frac{min(r;c)}{min(r;c) - 1}}$$

Da die Anzahl der Zeilen **r** = Anzahl der Spalten **c** = 2 ist, folgt:

$$C_{min} = \sqrt{\frac{2}{2-1}} = 1{,}414.$$

Damit ergibt sich

$C_{Korr} = 0{,}426 * 1{,}414 = \mathbf{0{,}603.}$

Antwortsatz: Es besteht ein mittelstarker, rein mathematischer Zusammenhang zwischen Beschäftigungsverhältnis und Akzeptanz der MPA's in der Behörde.

Fragt sich nur, ob die berechneten Zusammenhänge überhaupt eine statistische Signifikanz besitzen.

28. Der Signifikanztest

Aufgabe 28.1: Beweisen Sie, dass die in Kap. 27. Berechneten **Kontingenzkoeffizienten** auf einem 5%-igen Signifikanzniveau signifikant sind.

Ergänzung zu Aufgabe 27.1:Fragen:

Frage: Gibt es einen <u>systematischen</u> Zusammenhang zwischen der Entscheidung, eine Eintagesfahrt oder eine Zweitagesfahrt zu veranstalten, und dem Geschlecht der Schüler?

Lösung:

Schritt 1: Aufstellung der Hypothesen:

Nullhypothese: H_0 = Es gibt keinen Zusammenhang zwischen Geschlecht und der Entscheidung für eine der beiden Tagesfahrten.

Alternativhypothese: H_1 = Es gibt einen Zusammenhang zwischen Geschlecht und Reisewunsch.

Schritt 2: Berechnung des Freiheitsgrades:

$$f = (c - 1) * (r - 1) \tag{39}$$

c = Anzahl der Spalten, r = Anzahl der Zeilen

Für eine 2x2 – Matrix ergibt sich: $f = 1$.

Schritt 3: Ermittlung des Tabellenwertes $\chi^2_{f,1-\alpha}$ und Anwendung der Entscheidungsregel (40):

$$\chi^2 > \chi^2_{f,1-\alpha} \Rightarrow H_0 \text{ verwerfen} \tag{40}$$

Für $f = 1$ und $\alpha = 5\%$ findet sich der Tabellenwert $\chi^2_{f,1-\alpha} = \mathbf{3,84}$.

Schritt 4: Anwendung der Entscheidungsregel:

$$\chi^2 = 4,56 > \chi^2_{f,1-\alpha} = 3,84 \Rightarrow H_0 \text{ ist zu verwerfen.}$$

Antwortsatz: *Es gibt auf einem 5%-Niveau einen signifikanten Zusammenhang zwischen der Entscheidung für die Ein- oder Zweitagesfahrt und dem Geschlecht der Befragten. Die Stärke des Zusammenhanges ist jedoch gering.*

Ergänzung zu Aufgabe 27.2:

Frage: Gibt es einen <u>systematischen</u> Zusammenhang zwischen der „Akzeptanz der MPA's" und dem „Beschäftigungsverhältnis"?

Lösung:

Schritt 1: Aufstellung der Hypothesen:

Nullhypothese H_0: Es gibt <u>keinen</u> Zusammenhang zwischen der Akzeptanz der MPA's und dem Beschäftigungsverhältnis.

Alternativhypothese H_1: Es gibt einen Zusammenhang zwischen der Akzeptanz der MPA's und dem Beschäftigungsverhältnis.

Schritt 2: Berechnung des Freiheitsgrades:

f = (c -1) * (r -1), wobei c = Anzahl der Spalten, r = Anzahl der Zeilen).

Für eine 2x2 – Matrix ergibt sich: $f = 1$

Schritt 3: Ermittlung des Tabellenwertes $\chi^2_{f,1-\alpha}$ und Anwendung der Entscheidungsregel (40):

$\chi^2 > \chi^2_{f,1-\alpha} \Rightarrow H_0$ verwerfen.

Für f = 1 und α = 5% findet sich der Tabellenwert $\chi^2_{f,1-\alpha} = 3{,}84$.

Schritt 4: Anwendung der Entscheidungsregel:

$\chi^2 = 311{,}1 > \chi^2_{f,1-\alpha} = 3{,}84 \Rightarrow H_0$ ist zu verwerfen.

Antwortsatz: *Es gibt auf einem 5%-Niveau einen mittelstarken mathematischen und signifikanten Zusammenhang zwischen der Entscheidung für die Ein- oder Zweitagesfahrt und dem Geschlecht der Befragten.*

Aufgabe 28.3: Prüfen Sie auf einem Signifikanzniveau von $\alpha = 5\%$, ob die in den Aufgaben berechneten Rangkorrelationskoeffizienten **R** aus Kapitel 25 eine statistische Signifikanz besitzen.

Lösung:

Nullhypothese H_0: Es gibt keinen signifikanten Zusammenhang; der berechnete Zusammenhang ist zufällig.

Alternativhypothese H_1: Der berechnete Zusammenhang ist <u>nicht</u> zufällig.

Dem Anhang entnehmen wir, dass für $\alpha = 5\%$ (einseitige Fragestellung) und $n = 5$ folgt:

$R_{theor} = 0,90$. Dieser Wert darf bei einer Irrtumswahrscheinlichkeit von 5% nicht überschritten werden, wenn es sich um einen Zufall handelt. Berechnet wurde aber: $R = 1$.

Antwort: Damit ist H_0 („es handelt sich um einen Zufall") im **ersten Beispiel** abzulehnen. Es tritt H_1 („es handelt sich um <u>keinen</u> Zufall") in Kraft. Die berechnete Abhängigkeit ist auf einem Signifikanzniveau von 5% signifikant.

Das **zweite Beispiel** ist komplizierter. Mit „$R = -0,85$ ist der theoretische Wert $R_{theor} = 0,90$, der zur Ablehnung der „Null"-Hypothese führen würde, unterschritten. Es könnte nun vermutet werden, dass die Hypothese „H_0: Der berechnete Zusammenhang ist zufällig", richtig ist. Wird die Hypothese trotzdem abgelehnt, wird ein Fehler 1. Ordnung (α-Fehler) produziert. Die Nichtablehnung der Nullhypothese bedeutet jedoch nicht, dass diese richtig ist!

Eine Nichtablehnung einer Nullhypothese, obwohl sie falsch ist, produziert einen Fehler 2. Art (β-Fehler).

Achtung: Es ist nicht richtig, aus der Nichtablehnung einer Nullhypothese auf ihre Richtigkeit zu schließen!

29. Die Benford-Analyse und der Chi-Quadrat-Test.

Frage 29.1: Was ist eine Benford-Verteilung und warum kann sie für einen Steuerprüfer von Vorteil sein?

Antwort: Die Verteilung, oder auch die Häufigkeit der Positionen der Ziffern eines Rechnungsbetrages sind nicht gleichverteilt. Gleichverteilt sind die <u>Logarithmen</u> der Zahlen. Steuerbetrüger scheinen die Eigenschaft zu haben, Rechnungen individuell zu erstellen. Es scheint Vorlieben und Abneigungen für bestimmte Ziffern zu geben. Jedenfalls sind die Ziffern vieler Rechnungen nicht „Benford-verteilt". Gelingt es folglich, einen signifikanten Unterschied zwischen der Ziffernverteilung der eingereichten Rechnungen und der Benford-Verteilung zu finden, hätte man mittels der Statistik einen Hinweis darauf, dass *möglicherweise* Steuerbetrug vorliegt.

Aufgabe 29.2: Die Zeile mit der Bezeichnung „Rechnung" stellt das Ergebnis einer Auswertung von über 2000 Rechnungen dar. Ermittelt wurde die mittlere Häufigkeit des Auftretens der Ziffern 1-9 an **erster Stelle** in den Rechnungen.

Tabelle Häufigkeit des Auftretens der Ziffern 1 – 9 auf Rechnungen.

Ziffer	1	2	3	4	5	6	7	8	9
Rechnung	0,279	0,165	0,133	0,094	0,087	0,072	0,071	0,043	0,056

Frage: Folgen die jeweils ersten Ziffern der Rechnungen einer Benford-Verteilung?

Lösung:

Die Wahrscheinlichkeit für die erste Ziffer ist in der Benford-Verteilung gegeben durch:

$$P(D_1=d_1) = \log_{10}(1+1/d_1) \tag{41}$$

Schritt 1: Untersuchung des Falles, dass die erste Ziffer eine „1" ist.

$$P(D_1=1) = \log_{10}(1+1/1) = \log_{10}(2) = 0{,}301.$$

Schritt 2: Für die Ziffer 2 folgt:

$$P(D_1=2) = \log_{10}(1+1/2) = \log_{10}(1{,}5) = 0{,}176.$$

Schritt 3 – 10: Berechnung von Ziffer 3 $(P(D_1=3))$ bis Ziffer 9 $(P(D_1=9)$ und Eintragung in die nachfolgende Wahrscheinlichkeitstabelle:

Tabelle: Wahrscheinlichkeit für das Auftreten der führenden Ziffern nach Benford.

Ziffer	1	2	3	4	5	6	7	8	9
Benford	0,301	0,176	0,1249	0,0969	0,0792	0,0669	0,0580	0,0512	0,0458

Tabelle: Unmittelbarer Vergleich der Ergebnisse.

Ziffer	1	2	3	4	5	6	7	8	9
Benford	0,301	0,176	0,1249	0,0969	0,0792	0,0669	0,0580	0,0512	0,0458
Rechnung	0,279	0,165	0,133	0,094	0,087	0,072	0,071	0,043	0,056

Antwortsatz: Die relativen Häufigkeiten der geprüften Rechnungen weichen von denen, die laut „Benford" zu erwarten gewesen wären, deutlich ab.

Aufgabe 29.3: Es wurden insgesamt 2500 Rechnungen ausgewertet. Überprüfen Sie auf einem Signifikanzniveau von 5 %, ob die Abweichungen der praktisch ermittelten Häufigkeiten von einer Benford-verteilten Häufigkeit signifikant sind.

Lösung:

Schritt 1: Aufstellung der Hypothesen:

Nullhypothese H_0: Es gibt keine signifikante Abweichung zwischen den empirisch und den nach Benford ermittelten Häufigkeiten.

Alternativhypothese H₁: Es gibt signifikante Abweichungen zwischen den empirisch und den nach Benford ermittelten Häufigkeiten.

Schritt 2: Die relativen Häufigkeiten werden durch Multiplikation in absolute Häufigkeiten umgerechnet:

Tabelle

Ziffer	1	2	3	4	5	6	7	8	9
Benford	752,5	440	312,25	242,25	198	167,25	145	128	114,5
Rechnung	697,5	412,5	332,5	235	217,5	180	177,5	107,5	140

Schritt 3: Berechnung von $n_{\text{theoretisch}}$ in Gleichung (42):
Pearsonsche χ^2 – Test.

$$\chi^2 = \sum_{j=1}^{9} \frac{\left(n_{j\,empirisch} - n_{j\,theoretisch}\right)^2}{n_{j\,theoretisch}} \tag{42}$$

Die empirischen Merkmalswerte werden Zeile 3 der Tabelle entnommen, die zugehörigen „Benford-verteilten" Werte aus Zeile 2 der Tabelle.

$$\chi^2 = \frac{(697,5 - 752,5)^2}{752,5} + \frac{(412,5 - 440)^2}{440} + \ldots + \frac{(140 - 114,5)^2}{114,5} =$$

$$= 4,02 + 1,83 + 1,31 + 0,22 + 1,92 + 0,97 + 7,28 + 3,28 + 5,68.$$

$$\chi^2 = \mathbf{26,51.}$$

Schritt 4: Der Literatur wird der Wert $\chi^2_{f,th}$ für eine Irrtumswahrscheinlichkeit von 5% (bei n-1=8 Freiheitsgraden) entnommen:

$$\chi^2_{f,th} = 15{,}507.$$

Schritt 5: Anwendung der Entscheidungsregel:

$$\chi^2 = 26{,}51 > \chi^2_{f,th} = 15{,}507 \Rightarrow H_0 \text{ verwerfen.}$$

Antwortsatz: Mit einer Irrtumswahrscheinlichkeit von 5% oder mit einer Wahrscheinlichkeit von 95% folgen die geprüften Rechnungen **keiner Benford-Verteilung**.

30. Bestimmung des Stichprobenumfangs

Der Stichprobenumfang einer Prüfung lässt sich mittels nachfolgender Gleichung ermitteln:

$$\text{Stichprobenumfang} \quad n = \frac{t^2 * N * P * (1-P)}{t^2 * P * (1-P) + (N-1) * e^2} \qquad (43)$$

Erläuterungen:

e = zulässiger Fehler (maximal 5%) oder Signifikanztoleranz. Die Stichprobe hat einen Umfang, der mit 95% Wahrscheinlichkeit repräsentativ für die Grundgesamtheit ist.

t = Sicherheitsgradfaktor = 1,96 beim Sicherheitsgrad von 95% und 2,575 beim Sicherheitsgrad von 1% (Normalverteilung; Stichprobenumfang größer n = 30).

P = voraussichtlicher Anteil des häufigsten Merkmalswertes (im Zweifelsfall 50%; ergibt größten Stichprobenumfang).

N = Größe der Grundgesamtheit.

Aufgabe 30.1: Eine größere Firma soll geprüft werden. Die Anzahl der Belege sei „sehr groß". Der voraussichtliche Anteil des häufigsten Merkmalswertes ist allerdings unbekannt. Geben Sie eine obere Abschätzung für den Probenumfang an.

Frage: Wie viele Belege (=n) sollten geprüft werden, damit mit einem zulässigen Fehler von 5% und einem Sicherheitsgrad von 95% keine „Unregelmäßigkeiten" übersehen werden?

Lösung: Aufgrund der Vorgabe, dass die Anzahl der Belege „sehr groß" ist (N→∞), kann die Formel zur Berechnung der Stichprobenanzahl belegzahlunabhängig betrachtet werden. P (die Wahrscheinlichkeit für das Auftreten des häufigsten Wertes) kann immer nach „oben" durch $P = 0,5$ abgeschätzt werden. Daher reicht es aus, die nachfolgende Formel anzuwenden:

$$n = \frac{t^2 * 0,25}{e^2} \qquad (44)$$

Für einen zulässigen Fehler von **5%** schreiben wir **e = 0,05**. Die Literatur nennt für einen Sicherheitsgrad von 95% einen Wert von t = 1,96.

Eingesetzt in Formel (44) folgt:

$$n = \frac{1,96^2 * 0,25}{0,05^2} = \frac{3,8416 * 0,25}{0,0025} = 384,16.$$

Antwortsatz: Bei einem zulässigen Fehler von 5% und einem Sicherheitsgrad von 95 % müssen mindestens **385** Belege geprüft werden,

Aufgabe 30.2: Wie vorher, nur beträgt die Zahl vorhandener Rechnungen N= 5.000.

Frage: Wie groß ist die Abweichung zur Vorgabe „N→∞"?

Lösung: Mit $n = \dfrac{t^2 * N * P * (1-P)}{t^2 * P * (1-P) + (N-1) * e^2}$ folgt durch einsetzen der bekannten Werte:

$$n = \frac{1,96^2 * 5000 * 0,5 * (1-0,5)}{1,96^2 * 0,5 * (1-0,5) + (5000-1) * 0,05^2} = \frac{4802}{13,46} = 356,76.$$

Antwortsatz: Aufgrund der geringen Anzahl von Belegen musste die Stichprobenanzahl mit der vollständigen Formel berechnet werden. Das Ergebnis **n = 357** weicht um 7,3 % von n = 385 ab.

31. Der Bericht

Frage: Wie sollte ein schriftlicher Bericht gegliedert sein? Erläutern Sie die wesentlichen Punkte.

Antwort: Für den schriftlichen Bericht bietet sich die folgende Gliederung an:

Gliederung eines Arbeitsberichtes
• Problem
• Methode
• Ergebnisse
• Diskussion

Erläuterung:

Für die Darstellung der Ergebnisse in dem Bericht sind die wesentlichen Erkenntnisse nach inhaltlichen Gesichtspunkten zu ordnen. Eine rein mechanische Wiedergabe der erhobenen Daten ist nicht nur unübersichtlich, sondern hat wegen der fehlenden Struktur auch keinen zusätzlichen Informationswert. Die bedeutsamen Ergebnisse müssen dagegen in übersichtlicher Form (Tabellen, Grafiken) und in allen Einzelheiten dargestellt werden. Nur so ist eine darauf aufbauende Interpretation lückenlos nachvollziehbar.

Bei der Darstellung von Tabellen muss auf die vollständige Beschriftung der Kopfzeile sowie der Vorspalte geachtet werden. Die Tabellenüberschrift soll prägnant sein. In einer Unterüberschrift oder in einer Fußnote müssen die notwendigen Daten zum sachlichen, räumlichen und zeitgleichen Geltungsbereich enthalten sein.

Für Grafiken und Schaubilder gelten entsprechende Forderungen, d.h. alle Achsen und Kurven, Flächen oder Sektoren müssen eindeutig beschriftet sein (vgl. DIN 55 301). Positive Gestaltungsbeispiele bieten die Veröffentlichungen des Statistischen Bundesamtes.

In der Diskussion der Ergebnisse ist eine Konzentration auf den wesentlichen Erkenntnisgewinn vorzunehmen. Zu erläutern sind insbesondere die Folgerungen, die aus diesen Erkenntnissen gezogen werden können (zum Beispiel Produkt- oder Leistungsverbesserung, Verfahrensoptimierung, Verbesserung der Arbeits- und Lebensbedingungen). Besonders kritisch zu betrachten ist die Frage der Übertragbarkeit der gewonnenen Ergebnisse! Die zumeist begrenzten Untersuchungsmöglichkeiten schränken in der Regel auch den Übertragungsbereich merklich ein.

Für die Diskussion der gewonnenen Ergebnisse in einem Seminar ist neben einer wirkungsvollen mündlichen Präsentation (unter Benutzung geeigneter Medien und mit konkreten Beispielen) eine schriftliche Zusammenfassung der wichtigsten Ergebnisse hilfreich. Aus Gründen der Übersichtlichkeit und der Konzentration auf das Wesentliche ist eine thematisch strukturierte Folge der Kernergebnisse bzw. von Thesen zweckmäßig. Diese Darstellung sollte den Umfang einer DIN A 4 Seite möglichst nicht überschreiten.

32. Anhänge

Tabelle: Wichtige Normblätter

Stochastik	Teil 1: Wahrscheinlichkeitstheorie; gemeinsame Grundbegriffe der mathematischen und der beschreibenden Statistik, Begriffe und Zeichen. DIN 13 303 - 1: 1982-05
Stochastik	Teil 2: Mathematische Statistik, Begriffe und Zeichen. DIN 13 303 – 2: 1982-11
Statistische Auswertungen	Teil 1: Messbare (kontinuierliche) Merkmale. DIN 53 804 – 1: 1981-09
Statistische Auswertungen	Teil 2: Zählbare (diskrete) Merkmale. DIN 53 804 – 2: 1985-03
Statistische Auswertungen	Teil 2: Ordinalmerkmale. DIN 53 804 – 3: 1982-01
Statistische Auswertungsverfahren	Blatt 1: Häufigkeitsverteilung, Mittelwert und Streuung, Grundbegriffe und allgemeine Rechenverfahren. DIN 55 302 – 1: 1970-11
Statistische Auswertungsverfahren	Blatt 2: Häufigkeitsverteilung, Mittelwert und Streuung, Rechenverfahren in Sonderfällen. DIN 55 302: 1967-01
Qualitätsmanagement und Statistik	Teil 11: Begriffe des Qualitätsmanagements. DIN 55 350 -11: 1995-08
Qualitätssicherung und Statistik	Teil 12: Merkmalsbezogene Begriffe. DIN 55 350 -12: 1989-03
Qualitätssicherung und Statistik	Teil 13: Begriffe zur Genauigkeit von Ermittlungsverfahren und Ermittlungsergebnissen. DIN 55 350 -13: 1987-07
Qualitätssicherung und Statistik	Teil 14: Begriffe der Probenahme. DIN 55 350 – 14: 1985-12
Qualitätssicherung und Statistik	Teil 21: Begriffe der Statistik, Zufallsgrößen und Wahrscheinlichkeitsverteilungen. DIN 55 350 – 21: 1982-05
Qualitätssicherung und Statistik	Teil 22: Begriffe der Statistik, spezielle Wahrscheinlichkeitsverteilungen. DIN 55 350 – 22: 1987-02
Qualitätssicherung und Statistik	Teil 23: Begriffe der Statistik, Beschreibende Statistik. DIN 55 350 – 23: 1983-04

149

Qualitätssicherung und Statistik	Teil 24: Begriffe der Statistik, schließende Statistik. DIN 55 350 -24: 1982-11
Statistischer Test	Verfahren, um zwischen einer Nullhypothese H0 und einer Alternativhypothese H1 zu unterscheiden. DIN 13303 Teil 2
Hypothese	Eine noch unbewiesene Aussage (Vermutung) über den wahren Wert einer Größe .- DIN 13303 Teil 2
Nullhypothese	Hypothese der Art „es besteht kein Zusammenhang". DIN 13303 Teil 2
Alternativhypothese	Negation der Nullhypothese
Fehler erster Art	Die Nullhypothese wird verworfen, obwohl sie richtig ist.
Signifikanzniveau	α, obere Schranke für die Wahrscheinlichkeit des Fehlers erster Art
Konfidenzniveau	1 - α, auch: Vertrauensniveau
Fehler zweiter Art	Die Nullhypothese wird nicht verworfen, obwohl sie falsch ist. DIN 13303 Teil 2
Wahrscheinlichkeits- verteilung	Eine Funktion, welche die Wahrscheinlichkeit angibt, mit der eine Zufallsvariable Werte in gegebenen Bereichen annimmt. DIN 53 350 Teil 21
Parameter	Größe zur Kennzeichnung einer Wahrscheinlichkeitsvertei- lung. DIN 53 350 Teil 21

Tabelle: t-Verteilung für f Freiheitsgrade auf dem Konfidenzniveau 1-α (2-seitige Abgrenzung)

f	$t_{f,1-\alpha}$		
	$\alpha = 1\%$	$\alpha = 5\%$	$\alpha = 10\%$
2	9,92	4,3	2,92
3	5,84	3,18	2,35
4	4,6	2,78	2,13
5	4,03	2,57	2,02
6	3,71	2,45	1.94
7	3,5	2,36	1,89
8	3,36	2,31	1,86
9	3,25	2,26	1,83
10	3,17	2,23	1,81
20	2,85	2,09	1,72
50	2,68	2,01	1,68
100	2,63	1,98	1,66
500	2,59	1,96	1,65

Die folgende Tabelle listet **minimale repräsentative Stichproben-größen** bei unterschiedlich großen Grundgesamtheiten auf. Vorausge-setzt ist eine Sicherheitswahrscheinlichkeit von 95% bei einem 5% Signifikanzniveau.

Tabelle: Minimale repräsentative Stichprobengrößen

Stichprobe n	Grundgesamtheit N	In % der Grundge-samtheit
45	50	90%
63	75	84%
80	100	80%
132	200	66%
169	300	56%
218	500	44%
249	700	36%
278	1.000	28%
306	1.500	20%
323	2.000	16%
357	5.000	7%
362	6.000	6%
365	7.000	5%
367	8.000	5%
370	10.000	4%
373	12.000	3%
382	50.000	0,8%
383	70.000	0,5%
384	200.000	0,19%
385	1.000.000	0,04%
385	3.000.000	0,01%

Signifikanzprüfungen

Tabelle: χ^2 – Verteilung für f Freiheitsgrade auf dem Signifikanzniveau α

Freiheitsgrad	$\chi^2_{1-\alpha}$		
f	$\alpha = 1\,\%$	$\alpha = 5\,\%$	$\alpha = 10\,\%$
1	6,63	3,84	2,71
2	9,21	5,99	4,61
3	11,34	7,81	6,25
4	13,28	9,49	7,78
5	15,09	11,07	9,24
6	16,81	12,59	10,64
7	18,48	14,07	12,02
8	20,09	15,51	13,36
9	21,67	16,92	14,68
10	23,21	18,31	15,99

Tabelle: Zufallshöchstwert von R in Abhängigkeit vom Stichprobenumfang und vom Signifikanzniveau α (einseitige Fragestellung)

n	$R \leq$		
	α = 0,5%	α = 2,5%	α = 5%
4	-	-	1,00
5	-	1,000	0,90
6	1,000	0,886	0,83
7	0,929	0,786	0,71
8	0,881	0,738	0,64
9	0,833	0,700	0,60
10	0,794	0,648	0,56
12	0,727	0,587	0,50
14	0,679	0,538	0,46
16	0,635	0,503	0,43
18	0,600	0,472	0,40
20	0,570	0,447	0,38
30	0,467	0,362	0,31
50	0,363	0,279	
70	0,307	0,235	

Einführende und für dieses Skript verwendete Literatur:

CLAUß, Günter; EBNER, Heinz:

- Statistik. Bd. 1 Grundlagen. 6. Auflage Frankfurt a. M. 1989

FRIEDRICHS, Jürgen:

- Methoden empirischer Sozialforschung. 14. Aufl. Opladen 1990

KRÄMER, Walter:

- Statistik verstehen: Campus Verlag GmbH, 1992

SCHAA, GLOYSTEIN:

- Empirische Sozialforschung und Statistik. Studienheft zum Teilmodul 2.1

SCHWARZE, Jochen: Grundlagen der Statistik I+II:

- Beschreibende Verfahren, 8. Aufl. Berlin 1998

THEISEN, Manuel:

- Wissenschaftliches Arbeiten. 4. Aufl. München 1990

Register

BEI GRIN MACHT SICH IHR WISSEN BEZAHLT

- Wir veröffentlichen Ihre Hausarbeit, Bachelor- und Masterarbeit

- Ihr eigenes eBook und Buch - weltweit in allen wichtigen Shops

- Verdienen Sie an jedem Verkauf

Jetzt bei www.GRIN.com hochladen und kostenlos publizieren